线圈类设备故障案例分析

邹德旭　颜　冰　钱国超　王　山　等　编著

科学出版社

北　京

内容简介

根据搜集到的近10年电力系统中发生的线圈类设备事故和故障，本书较全面地列举了各类线圈类设备的故障实例，并对故障过程、现象及试验检查等情况综合展开分析，系统地介绍了线圈类设备典型故障案例的分析方法和故障原因，提出了相应故障的预防策略，可作为线圈类设备运维的参考资料。

本书共分为4章，内容包括线圈类设备简介、变压器（含高抗）典型故障及案例分析、电压互感器典型故障案例分析、电流互感器典型故障案例分析。

本书可供电力系统中从事设备运维人员和电科院技术人员使用，也可供电气设备制造企业的技术人员使用，同时可供高等院校及相关专业师生参考。

图书在版编目(CIP)数据

线圈类设备故障案例分析 / 邹德旭等编著. —北京:科学出版社, 2020.6
ISBN 978-7-03-060652-5

Ⅰ.①线…　Ⅱ.①邹…　Ⅲ.①电力设备-故障-分析　Ⅳ.①TM407

中国版本图书馆CIP数据核字（2019）第037595号

责任编辑：叶苏苏/ 责任校对：彭　映
责任印制：罗　科 / 封面设计：墨创文化

科学出版社 出版
北京东黄城根北街16号
邮政编码：100717
http://www.sciencep.com

四川煤田地质制图印刷厂印刷
科学出版社发行　各地新华书店经销
*
2020年6月第　一　版　开本：B5（720×1000）
2020年6月第一次印刷　印张：11 1/4
字数：223 000

定价：149.00元
（如有印装质量问题，我社负责调换）

编辑委员会

前言

电力设备安全运行直接影响电网的安全、经济供电，当前，电力设备运行中的异常现象时有发生，甚至引发事故，对电网安全运行造成严重威胁，因此正确分析出异常现象并及时处理具有重要意义。

线圈类设备是电力设备中重要的设备，包括变压器、互感器等。变压器是电力系统中核心的电力设备，是为了把发电厂发出的电能经济地传输、合理地分配及安全地使用的设备，其功能是把一种等级的电压与电流变为同频率的另一种等级的电压与电流。按照用途来分，变压器包括升压变压器、降压变压器、配电变压器、联络变压器。互感器是将电网高电压、大电流的信息传递到低电压、小电流二次侧的计量、测量仪表及继电保护、自动装置的一种特殊变压(变流)器，是一次系统和二次系统的联络元件，其一次绕组接入电网，二次绕组分别与计量、测试仪表和继电保护、自动装置等相互连接。互感器的性能优劣直接影响到电力系统测量、计量的准确性和继电保护、自动装置的可靠性。互感器分为电压互感器和电流互感器。电压互感器按用途可分为测量用电压互感器和保护用电压互感器，同样地，电流互感器按照用途也可分为测量用电流互感器和保护用电流互感器。

电力设备故障分析都是事后分析，要找到故障原因需要搜集现场大量的信息，同时相关设备故障案例经验对于从业者也是十分重要的。电力系统中运行的线圈类设备的故障案例较多，从可搜集的资料来看，目前整个行业缺少对线圈类设备故障的总结和分析，从事电力行业工作的技术人员在做线圈类设备的故障分析时，缺少参考资料。因此本书编写过程中搜集了部分运行中出现过故障设备的相关案例，参考和引用了有关通知公布的现场异常现象和事故实例，并对相关案例进行了总结分析，可作为线圈类设备运维的参考资料，从而减少电网中运行线圈类设备的故障；同时编者希望通过本书的发布，起到抛砖引玉的效果，希望更多的电力行业从业者分享线圈类设备故障案例分析经验，为年轻从业人员提供帮助。

本书系统综合地介绍了线圈类设备的原理及其典型故障。本书分为 4 章，第 1 章由邹德旭、颜冰、钱国超、王山、彭庆军、马仪编写；第 2 章由邹德旭、颜冰、王山、彭庆军、钱国超、马仪、程志万、崔志刚、陈宇民、黄星、张恭源编写；第 3 章由邹德旭、颜冰、王山、黄星、孙董军、陈宇民、张恭源、周兴梅、侯亚非、代维菊编写；第 4 章由邹德旭、颜冰、钱国超、彭庆军、周仿荣、黄星、马宏明、李佑明、彭兆裕编写。

全书编写过程中，云南电网公司王景林对本书初稿提出了许多宝贵意见，在此一并致谢！

本书在编写过程中，查阅了大量资料，参考和引用了相关书籍的部分内容，谨向本书的参考文献作者表示衷心的感谢。由于电力系统中运行的线圈类设备故障较多，各个故障案例的特征也不尽相同，故障原因也较为复杂，限于编者的水平有限，书中的论述不妥之处在所难免，恳请广大读者批评指正。

目　　录

第1章　线圈类设备简介

1.1　概　　述

电网的安全运行是保证稳定、可靠的电力供应的基础。随着西电东送、南北互供、全国联网的推进，保证电网安全稳定运行工作面临巨大挑战[1]。线圈类设备故障对电力系统运行可靠性、经济性、安全性有着重要影响[2]。其中，电力变压器是电网中能量转换、传输的核心，是电网安全第一道防御系统中的关键枢纽设备[3]。而互感器性能的好与否，则直接影响到电力系统测量、计量的准确性和继电器保护装置动作的可靠性。线圈类设备故障一直是危及整个电网安全的最主要因素之一。因此，提高线圈类设备的运行维护和检修水平，采用合理的检修策略，准确分析故障原因、做出解决对策是电力行业急需解决的关键问题。

1.2　变　压　器

变压器(transformer)是一种静止的电气设备，在电力系统中承担着将电能经济传输、合理分配、安全使用的责任[4]。变压器利用电磁感应的原理实现一种等级交流电压、电流变成同一频率下的另一种电压、电流，其主要构件为初级线圈、次级线圈和铁芯。变压器主要结构由铁芯和线圈组成，其中线圈包括两个及以上的绕组，电源侧绕组为初级线圈，其余的绕组为次级线圈。

电力系统传送电能的过程中，必然会产生电压和功率两部分损耗。一般来说，发电机发出的电压不会太高，很难实现远距离电能传输。因此利用变压器升高电压，在输送同一功率时，线路中电流减小，可有效减少送电损失。在我国较多的变压器运行年限已超过20年[3]，这些运行中的变压器面临着日益绝缘老化及设备故障等相关问题，因此加强变压器运行维护、状态检修，以及深入故障案例诊断分析具有重要意义。

1.2.1　变压器的类型

一般常用变压器的分类可归纳如下。

1. 按相数分类

(1) 单相变压器：用于单相系统的升、降电压。
(2) 三相变压器：用于三相系统的升、降电压。

2. 按冷却方式分类

(1) 干式变压器：依靠空气对流进行自然冷却或增加风机冷却，多用于高层建筑、机场、高速收费站点及局部照明等场景，简单点说，干式变压器就是指铁芯和绕组不浸渍在绝缘油中的变压器。

(2) 油浸式变压器：依靠油作为冷却介质，如油浸自冷、油浸风冷、油浸水冷、强迫油循环等，用于工矿企业和民用建筑供配电系统。

3. 按用途分类

(1) 电力变压器：用于输配电系统的升、降电压。
(2) 仪用变压器：如电压互感器、电流互感器，用于测量仪表和继电保护装置。
(3) 试验变压器：能产生高压，对电气设备进行高压试验。
(4) 特种变压器：如电炉变压器、整流变压器、调整变压器、电容式变压器、移相变压器等。

4. 按绕组形式分类

(1) 双绕组变压器：用于连接电力系统中的两个电压等级。
(2) 三绕组变压器：一般用于电力系统区域变电站中，连接 3 个电压等级。
(3) 自耦变电器：用于连接不同电压的电力系统；也可用于普通的升压或降压后的变压器。

5. 按铁芯形式分类

(1) 芯式变压器：主流高压变压器结构，绕组套在铁芯上，用于高压的电力变压器。

(2) 壳式变压器：壳式变压器的铁芯像器身的外壳，结构上任何一个绕组两边总有铁芯或铁轭，壳式结构易于加强对绕阻的机械支撑，特别适用于通过大电流的变压器。

1.2.2 变压器的基本结构

电力变压器的结构都是按照相同的电工原理设计的，随着变压器容量的增大，结构复杂程度及制造难度也随之增加[5]。根据变压器结构、容量的不同，变压器又可分为配电变压器和大型变压器。但总体来说，变压器基本结构和组成元件基本一致，主要包括铁芯、绕组、分接开关、冷却系统、高低压绝缘套管、测试装置及保护装置等组件[6]。

1. 铁芯

铁芯由高导磁硅钢片叠装及钢夹件夹紧而成，构成了变压器骨架、磁路部分。变压器一次绕组加载交流电产生的励磁电流，将使铁芯感应出变化的主磁通，根据电磁感应定理二次绕组产生感应电动势。铁芯为主磁通的路径，除铁芯之外，磁通经空气或变压器油等非铁磁材料构成回路，相比于数量很小的漏磁通，主磁通占磁通的绝大部分，约为 99.8%[7]。

为实现圆形绕组内部空间的高利用率，硅钢片叠积一般尽量接近圆形界面的铁芯柱[5]，如图 1.1 所示。该叠装方式可使铁芯圆柱填充率高达 95%。铁芯圆柱是所有变压器铁芯的共同特点，又以不同结构形式表现，主要包括单相铁芯、三相三柱铁芯、三相五柱铁芯、单相十字形铁芯。由于三相三柱铁芯所生产的三相磁通的向量和等于零，不需要在三相铁芯中另提供磁通返回的旁柱，因此常见的变压器铁芯结构又以三相三柱铁芯为主[8]。

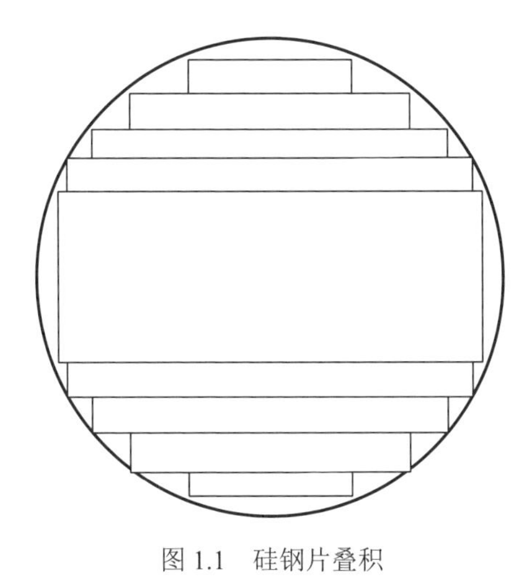

图 1.1　硅钢片叠积

2. 变压器绕组

变压器绕组构成变压器电路部分，是变压器中最重要且复杂的组成部分，决定着变压器容量、电流、运行条件等重要参数。变压器绕组一般由电导率较高的铜导线绕制而成，这是因为在工业用金属材料中，铜除了具有很好的力学性能，其电导率也最高。为减少绕组内电阻损耗及涡流损耗，绕组采用每匝导线分成若干股相互绝缘、尺寸较小的导线股，并通过导线换位的方式减小漏磁磁场内的感应电动势，削弱绕组中形成的环流[9]。

大部分变压器的绕组结构设计原则是一致的，一般情况下低压绕组邻近铁芯。根据变压器容量及电压等级，绕组可分为层式、饼式两类[10]。其中，层式绕组的线匝沿其轴向依次排列连续绕制，层与层间结构紧密，具有效率高、耐压强、机械强度较差等特点；相反，饼式绕组冷却效果好，机械强度高，但其抗冲击绝缘强度较差。

3. 分接开关

根据调压是否带负载运行，又可分为有载分接开关及无载分接开关。有载分接开关是变压器完成有载调压的关键部件，用来连接和切断变压器绕组的分接头，实现电力潮流控制及负荷电流的调节[11]。加上本身制造工艺缺陷以及非规范运行、维护等原因，有载分接开关故障发生率一直较高[12]。

4. 冷却系统

目前，变压器主要冷却方式包括油浸自冷(oil natural air natural，ONAN)、油浸风冷(immersed forced air cooling，ONAF)、强迫油循环冷却[6]。冷却系统可将变压器工作时损耗产生的热量及时散发，确保变压器始终在允许温度范围内工作，其运行状态直接影响电力变压器的经济指标和技术水平。因此冷却系统情况通常作为变压器健康状态评估系统研究热点之一。针对冷却系统健康评估，主要考虑：有无不正常的噪声和振动；是否渗漏油；主要组件(如风扇)是否正常运转；表面附着脏污的位置及程度。

5. 高低压绝缘套管

高低压绝缘套管起着固定绕组引出线，同时隔离引出线与变压器外壳的作用，包括导流和绝缘两部分，其中导流部分将绕组与电网连接，实现不同等级电压的电能传输。绝缘通常又可分为外绝缘(如瓷套)和内绝缘(如绝缘纸、绝缘油)，其结构由电压等级决定。

6. 测试装置

变压器的测试装置主要由油位计、温度计和电流互感器构成。其中油位计应定期检查是否有潮气冷凝、假油位现象。变压器温度计根据检测对象又可分为油温、绕温，是变压器测试装置中使用频率较高的仪表，其完好程度对电力变压器安全运行有着直接的影响。通常在 110kV 及以上电力变压器的套管升高座内要加装电流互感器(current transformer，符号 TA)，其具有电气保护、测量、控制变量的采样等作用，是变压器安全可靠运行的重要保障[13]。除了注意检查其密封无渗漏，还应通过绝缘电阻、直流电阻、变比、极性和伏安特性等试验的考察[14]。

7. 保护装置

电力变压器的保护装置包括储油柜、呼吸器、净油器、压力释放阀和气体继电器等。储油柜中变压器油的体积随着变压器运行时油温的变化而膨胀或缩小，储油柜除了起着储油、补油、显示油位作用，还可有效避免空气中水分进入本体，防止油老化。目前，常见的储油柜主要为胶囊式储油柜和隔膜式储油柜[15]。呼吸器内部装有硅胶等吸湿剂，能有效地防止变压器进水与受潮，干燥条件下硅胶呈浅蓝色，遇潮逐渐变为浅红色，当呼吸器内 2/3 的干燥剂受潮时应予更换。净油器内部充有硅胶、活性氧化铝等吸附剂，可去除变压器油中的水分、氧化物等杂质，使变压器油具有良好的电气及化学性能，有效延长变压器油的使用周期。在变压器大修中应检查其滤网有无堵塞和损坏、吸附剂是否变色。压力释放装置是变压器本体的压力保护装置，当变压器内部出现严重故障时，压力释放装置使油膨胀和分解产生的不正常压力得到及时释放，防止油箱爆裂等更严重的故障发生[16]。气体继电器是油浸式电力变压器上的重要安全保护装置，一般装设在储油柜与本体之间，用以反映油箱中的故障和油面降低等问题。变压器内部故障产生的气体或油流作用下接通信号或跳闸回路，使有关装置发出警报信号或使变压器从电网中切除，起到保护变压器的作用[17]。

1.2.3　变压器的常见故障

变压器的故障类型是多种多样的，引起故障的原因也是极为复杂的。概括而言，制造缺陷、现场安装质量缺陷，维护管理不善或不充分等都可能引起变压器内部故障，甚至是事故的原因[18]。按故障性质一般划分为热故障和电故障；按回路可分为电路故障、磁路故障和油路故障；按变压器本体可分为内部故障和外部故障[19]。其中，内部故障模式主要是机械故障、热故障和电故障 3 种类型，以后两种类型的故障为主，并且机械性故障常以热故障或电故障的形式表现出来。表 1.1 所示的是某省对 359 台故障变压器的故障类型统计的结果[20]。

表 1.1　变压器故障类型统计

故障类型	数量/台	损坏占比/%
过热性故障	226	63.0
高能量放电故障	65	18.1
过热兼放电故障	36	10.0
火花放电故障	25	7.0
受潮或局部放电	7	1.9

下面以比较通用的分类方式简单介绍变压器典型故障及故障发生的可能原因。

1. 磁路故障

磁路故障，即变压器铁芯故障，常见故障类型为铁芯多点接地故障及铁芯过热故障。

(1) 铁芯多点接地故障。铁芯多点接地故障是变压器中磁路故障最常见且高频率的故障。铁芯、夹件等金属构件在变压器运行时将产生不同电位的感应电动势，造成断续充放电现象，因此变压器需保证单点可靠接地。当出现两点及以上接地时称为多点接地，多点接地将在铁芯中产生涡流，导致铁芯局部放热，甚至引起变压器内部局部放电[21]。

铁芯多点接地故障产生的主要原因：铁芯硅钢片间的绝缘老化；硅钢片边缘存在毛刺，致使绝缘漆膜脱落；夹件松动或误碰铁芯；人为因素，如焊条头、细小钢丝等金属异物的进入。

(2) 铁芯过热故障。铁芯过热故障常见于铁芯及夹件上，发生局部过热时将产生 H_2、CH_4、C_2H_2、C_2H_6 等气体。引起铁芯过热故障的因素较多，最常见的故障损坏原因可归结为：铁芯上的铁轭采取对接结构时，铁芯柱与铁轭之间的接缝不良；油箱内变压器油过少、劣化；绕组短路；铁芯叠片绝缘缺陷，产生局部短路；由于变压器内部铁芯屏蔽，低压套管尾部磁屏蔽板和油箱内壁磁屏蔽等屏蔽措施不当，从而可能使某些金属结构处于漏磁场中，造成严重的局部过热故障。

2. 绕组故障

绕组故障具体表现为匝间短路、相间短路、绕组股间短路、绕组变形等。

(1) 匝间短路。随着变压器绕组制造工艺的改进及绝缘材质的提升，近些年变压器匝间短路故障在一定程度上得到了抑制，但仍在绕组故障中呈现高发状态。匝间故障较轻微时不易发现，变压器还能运行，随着时间的推移，绕组电流显著增大，温度升高，可能导致严重后果[22]。匝间短路常见的原因为：变压器持续过负荷时会引起变压器整体温度过高，从而加速绝缘劣化、变脆，最终可能导致绝缘龟裂、脱落，造成匝间短路；工艺制作中操作不当，匝间绝缘破损；连线或接头等接触不良，造成的局部过热加速绕组老化；变压器受到电应力或磁应力的强烈冲击时，绕组辐向、轴向位移甚至绕组的某些导线错位，导致匝间绝缘磨损[23]；局部放电故障引起的匝间短路；绝缘系统中存在气泡及运行中绝缘受潮，可能发生围屏树枝状放电故障，最终导致绕组匝间短路。

(2) 相间短路。由异物金属触碰或划伤可能导致绕组相间短路，此外，大型电力变压器分接开关错位严重，也将引起分接开关短路致使匝间短路[24]。

(3) 绕组股间短路。多股导线并绕时可能发生股间短路，产品本身缺陷，如外绝缘层绝缘强度不足；制造时毛刺或弯曲折痕导致匝间绝缘破裂；运输、安装过程导致绝缘层的机械损伤[25]。

(4) 绕组变形。根据大量故障分析统计，结果表明电力变压器绕组变形具有累积效应，是多种故障诱发的质检原因[6]。绕组轴向漏磁、辐向漏磁将分别在绕组各匝导线上产生辐向、轴向电磁力，辐向最大受力分布在绕组端部和相间区域，且高压线圈受力扩张、低压线圈受力收缩。

由于绕组机械强度不足，抗短路性能薄弱，无法承受过高电流，因此致使绕组发生不可逆转的形变，这也是导致绕组变形的主要原因[26]。变压器反复遭受短路电流冲击时，未及时检查、诊断而继续运行，导线间受电磁力作用将会逐步由轻微变形发展为扭曲、鼓包甚至严重损坏。

3. 分接开关故障

分接开关故障主要包括渗漏油，触点接触不良，绝缘组件(绝缘筒、绝缘操纵杆)受潮，引出线连接或焊接不良，操动机构内低压控制电器及辅助元件质量不稳定造成的开关拒动、联动、位置指示失灵，储能弹簧脱落、老化出现无法调压与机械卡涩情况，有载调压分接开关过渡电阻烧损，转动轴断裂等[27]。目前变压器分接开关故障引发的事故常具有突发性特点，因此预防该类事故应从分接开关设计、触点接触状况、材料、预防性试验等多方面进行完善和加强[28]。

4. 绝缘系统故障

变压器内部绝缘是变压器质量优劣的关键，可通过绝缘油的分析、直流泄漏试验、介电响应试验等综合判断绝缘是否存在缺陷，如绝缘受潮，油或浸渍剂脏污或劣化变质，绝缘中气隙发生放电等[29]。引起绝缘问题的原因主要是油、纸受潮，受潮是变压器绝缘系统损坏的重要原因，数据显示，含 0.03%水分的变压器油击穿电压仅为干燥时的一半；长时间过负荷且维护不足，引起绝缘油老化；绝缘结构设计裕度不足，造成绝缘系统故障；油中残留气泡，导致气体游离而使介质产生过热，结果导致绝缘击穿。

5. 变压器密封不良

变压器漏油是一个长期和普遍存在的故障现象，漏油部位主要集中在变压箱焊接处、防爆管等。引起漏油的原因包括：变压器密封结构有瑕疵，如密封面不平整等；材质不良；生产过程中焊接缺陷；外部环境因素，如工作环境温度、地震频率强度等。

变压器故障类型涉及面广且复杂，尤其针对在运行期间发生故障的变压器很难以某一种类别故障划分、判断。除了上述分类方式，根据诊断技术检测的结果也可作为评判变压器缺陷的依据，如根据油中溶解气体成分、含量与变压器的缺陷类型和严重程度的关系来评判，油中溶解气体状态量描述、辅助判断方法或停电测试项目和变压器缺陷原因判断之间的关系如表 1.2 所示。

表 1.2　油中溶解气体和变压器缺陷原因判断之间的关系

故障类型	故障状态描述	判断方法及试验	故障原因
过热性故障	C_2H_6、C_2H_4 增长较快，可能有 H_2、C_2H_2，CO、CO_2 增长不明显	运行中用钳形电流表测量铁芯接地电流，大于 100mA；停电检测铁芯绝缘电阻	铁芯多点接地
	C_2H_6、C_2H_4 增长较快，CO、CO_2 增长不明显	相对上次测试直流电阻是否有明显变化	导电回路接触不良
	C_2H_4、CO、CO_2 增长较快	分相低电压下的短路损耗明显增大	多股导线间短路
	低温向中温至高温过热演变，CO、CO_2 增长较快	1.1 倍的过电流加剧过热，油色谱会有明显增长	油道堵塞
	C_2H_6、C_2H_4 增长较快，有时产生 H_2、C_2H_2	红外测温检查套管连接接头是否有高温过热现象	导电回路分流
放电性故障	有局部放电，可能产生 H_2、CH_4	局部超标	尖端放电
绝缘受潮故障	单 H_2 增长较快，油中含水量超标	绝缘电阻下降	绝缘受潮

1.3　电压互感器

电压互感器(voltage transformer，符号 TV)是用于变换线路上电压的仪器，可将电力系统一侧的高压转换成与其成比例的低电压，是一次绕组匝数较多而二次绕组匝数较少的小型变压器。电压互感器一次侧接入电网，二次侧可分别与继电保护装置、测量仪表、计量装置等连接，配合实现对电网中各类电气故障的切除和控制，获得电网线路的电压、功率及电能等信息的功能[30]。

电压互感器的工作原理一般与变压器一致，均利用电磁感应原理实现交流电压大小的转换。通常电压互感器与变压器在功能、容量、运行情况等方面有所区别。

从功能方面上看，电压互感器主要为：将一次侧线路中高压信息准确传递给二次侧计量、保护等装置；降低一次侧电压等级(一般额定电压为 100V)，从而有效降低二次侧装置绝缘性能的需求，实现二次侧装置小型化、标准化，解决制造工艺困难等问题；隔离一次系统高压设备与各类二次设备，确保操作人员和二次设备的安全。电压互感器接线图如图 1.2 所示[31]。

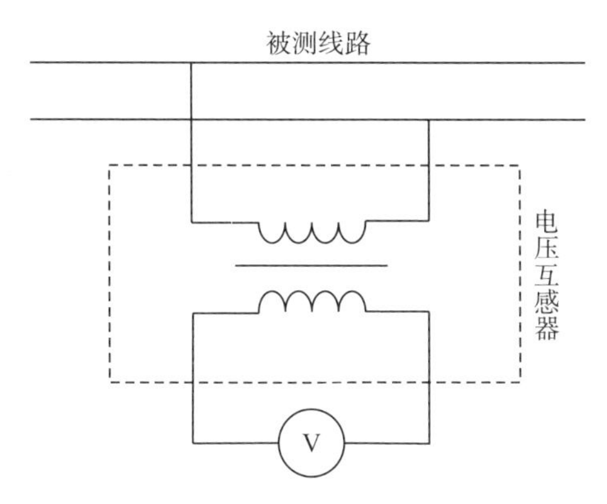

图 1.2　电压互感器接线图

从容量上看，电力变压器容量很大，一般都以千伏安或兆伏安为计算单位。而电压互感器主要用于检测、保护、供电给测量仪表和继电保护装置等设备，其容量相对很小，通常只有几伏安或者几十伏安。

从运行情况上看，变压器二次侧电流较大，具有较强的带负载能力，同时一次侧电压受二次负载影响较大，而电压互感器一次侧电压不受二次负载影响，且负荷基本恒定[32]。

1.3.1　电压互感器的类型

1. 按安装地点分类

(1) 户内式电压互感器。电压等级为 35kV 及以下，安装在室内或配电装置的箱体内的互感器。

(2) 户外式电压互感器。电压等级在 35kV 以上，又包括户外三相整体式电压互感器、户外三相抗铁磁谐振组装式电压互感器及六氟化硫气体绝缘式电压互感器。其中，SF_6 电压互感器一次绕组一般采用宝塔形层式，按分级方式绕制。为改善一次绕组的冲击电压与场强分布，在绕组中部设有静电屏，静电屏末端装设均压环，以消除静电屏边缘的集中性电场[33]。

2. 按相数分类

(1) 单相电压互感器。每相互感器独立存在，一般 35kV 及以上电压等级采用单相式。

(2) 三相电压互感器。三相电压互感器互为一体，一般 35kV 及以下电压等级采用三相式[34]。

3. 按绕组数目分类

(1)双绕组电压互感器。它仅包含一次及二次绕组。

(2)三绕组电压互感器。除了一次侧和基本二次侧，还有一组辅助二次侧，供接地保护用。

4. 按绝缘方式分类

(1)干式电压互感器。干式电压互感器结构简单、无着火和爆炸危险，由普通绝缘材料浸渍绝缘漆作为绝缘，但绝缘强度较低，多用在 500V 及以下低电压等级[35]。

(2)浇注式电压互感器。浇注式电压互感器结构紧凑、维护方便，由环氧树脂或其他树脂混合材料浇注成型，适用于 3～35kV 户内式配电装置。

(3)油浸式电压互感器。油浸式电压互感器由绝缘纸和绝缘油作为绝缘，其绝缘性能较好，是我国最常见的结构形式，可用于 10kV 以上的户外式配电装置。

(4)充气式电压互感器。充气式电压互感器由 SF_6 气体作为主绝缘，多用在较高电压等级的全封闭电器中。目前 SF_6 气体绝缘电压互感器有独立式和 GIS 配套式两种。

5. 按电压变换原理分类

(1)电磁式电压互感器。电磁式电压互感器是利用电磁感应原理实现一定比例电压变换的互感器，具有容量小、长期稳定运行的特点。该互感器一次绕组与二次绕组相对独立，以保证二次侧负荷不对电网产生影响。值得注意的是，二次侧负荷一般无变化。另外，除了测量仪表，继电器的电压线圈通常也装设在电磁式电压互感器二次侧，由于继电器的电压线圈与互感器二次绕组的阻抗值较大，因此可近似认为互感器为空载运行状态[36]。

(2)电容式电压互感器。电容式电压互感器(capacitive voltage transformer，CVT)作为表计、继电保护等的一种电压互感器，还可以将载波频率耦合到输电线用于长途通信、远方测量、选择性的线路高频保护、遥控、电传打字等。总体来说，可分为电容分压器及电磁单元两部分。电容分压器由高压电容器、中压电容器组成；电磁单元由中压变压器、补偿电抗器和阻尼装置等组成。电容式电压互感器原理接线图如图 1.3 所示。其结构多为积木式，便于生产、运输和安装[31]。

(3)电子式电压互感器。电子式电压互感器主要分为无源型和有源型，具有动态范围大、暂态性能好、数字化输出等优点[37]。它常采用普科尔效应、逆压电效应、分压原理实现电压转化，是由连接到传输系统和二次转换器的一个或多个电压或电流传感器组成的一种装置，用以传输正比于被测量的量，供给测量仪器、仪表和继电保护或控制装置。

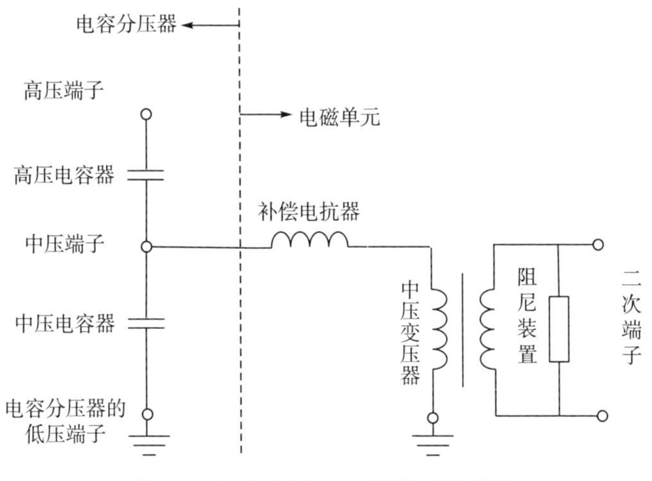

图 1.3　电容式电压互感器原理接线图

6. 按磁路结构分类

(1) 单级式电压互感器。一次绕组和二次绕组(根据需要可设多个二次绕组)同绕在一个铁芯上，铁芯为地电位。我国在 35kV 及以下电压等级均用单级式。

(2) 串级式电压互感器。一次绕组分成几个匝数相同的单元串接在相与地之间，每一单元有各自独立的铁芯，具有多个铁芯，且铁芯带有高电压，二次绕组(根据需要可设多个二次绕组)处在最末一个与地连接的单元。

(3) 开放式铁芯电压互感器。铁芯为柱式、无闭合回路的互感器。目前最高电压为 500kV。

7. 按一次绕组对地运行状态分类

(1) 一次绕组接地的互感器。单相互感器一次绕组末端或三相互感器一次绕组的中性点直接接地的互感器，其末端的绝缘水平较低。

(2) 一次绕组不接地的互感器。单相互感器一次绕组两端子对地具有相同绝缘水平；三相互感器一次绕组的各部分对地绝缘水平与额定水平一致。

1.3.2　电压互感器的主要参数

电压互感器的主要参数及描述如表 1.3 所示。

表 1.3 电压互感器的主要参数及描述

参数名称	描述
额定一次电压	指互感器性能基准的一次电压值
额定二次电压	作为互感器性能基准的二次电压值
剩余电压绕组的额定电压	剩余电压绕组的额定电压与系统接地方式有关，其标准值为 100V(中性点有效接地系统的接地电压互感器)和 100 /3 V(中性点有效接地系统的接地电压互感器)
负荷	二次回路的阻抗。负荷通常以视在功率伏安值表示
额定输出	在额定二次电压及接有额定负荷的条件下，互感器供给二次回路的视在功率(极限输出是 1.2 倍额定一次电压)

1.3.3 电压互感器的常见故障

电压互感器运行中的常见故障如下。

(1) 三相电压指示不平衡：一相降低(可为零)，另两相正常，线电压不正常，或者伴有声、光信号，可能是互感器高压或低压熔断器熔断。

(2) 中性点非有效接地系统，三相电压指示不平衡：一相降低(可为零)，另两相升高(可达线电压)或指针摆动，可能是单相接地故障或基频谐振，如三相电压同时升高，并超过线电压(指针可摆到头)，则可能是分频或高频谐振。

(3) 高压熔断器多次熔断，可能是内部绝缘严重损坏，如绕组层间或匝间短路故障。

(4) 中性点有效接地系统，母线倒闸操作时，出现相电压升高并以低频摆动，一般为串联谐振现象；若无任何操作，突然出现相电压异常升高或降低，则可能是互感器内部绝缘损坏，如绝缘支架、绕组层间或匝间短路故障。

(5) 中性点有效接地系统，电压互感器投入运行时出现电压表指示不稳定，可能是高压绕组 N(X) 端接地接触不良。

(6) 电压互感器回路断线故障。

1.4 电流互感器

电流互感器是依据电磁感应原理将一次回路的大电流转换为二次侧的小电流供给测量仪器、继电保护等装置。电流互感器一次侧绕组匝数很少，串联在被测电流的高压线路中。

电流互感器与电压互感器类似，其容量较小，通常在数十伏安范围内。为实现不同用途，一组电流互感器中常包含多个二次绕组，如中压(10kV 级)电流互感器通常有 1～3 个二次绕组，而超高压的电流互感器二次绕组可多达 8 个[38]。

1.4.1 电流互感器的类型

1. 按用途分类

(1) 测量用电流互感器(或电流互感器的测量绕组)：在正常工作电流范围内，向二次仪表测量、计量等装置传输一次回路的电流信息。

(2) 保护用电流互感器：包括 PR 和 PX 两种(P 为保护的意思)。在故障状态下，向继电保护等装置提供被测线路中的异常电流信息，需具有可靠、稳定、准确等特点。保护用电流互感器又可分为过负荷保护电流互感器、差动保护电流互感器、接地保护电流互感器。它主要与继电装置配合，在线路发生短路过载等故障时，向继电装置提供信号切断故障电路，以保护供电系统的安全。

2. 按绝缘介质分类

(1) 干式电流互感器：由普通绝缘材料(如橡胶硅复合材料)经浸漆处理作为绝缘。

(2) 浇注式电流互感器：用环氧树脂或其他树脂混合材料通过半封闭或全封闭浇注成型，具有耐污、耐潮特性。

(3) 油浸式电流互感器：由绝缘纸和绝缘油作为绝缘，一般为户外型。

(4) 气体绝缘电流互感器：由 SF_6 绝缘气体作为主绝缘。

3. 按安装方式分类

(1) 贯穿式电流互感器：用来穿过屏板或墙壁的电流互感器。

(2) 支柱式电流互感器：安装在平面或支柱上，兼做一次电路导体支柱用的电流互感器。

(3) 套管式电流互感器：没有一次导体和一次绝缘，直接套装在绝缘的套管上的一种电流互感器。

(4) 母线式电流互感器：没有一次导体但有一次绝缘，直接套装在母线上使用的一种电流互感器。

4. 按原理分类

(1) 电磁式电流互感器：根据电磁感应原理实现电流变换的电流互感器。

(2) 电子式电流互感器：由连接到传输系统和二次转换器的一个或多个电流或电压传感器组成，输出为数字信号，与传统电流传感器相比，具有结构简单、造价低、无磁饱和及铁磁谐振问题、具有良好抗电磁干扰能力、测量准确等特点，是电流互感器发展的重要方向[39]。

1.4.2 电流互感器的主要参数

电流互感器的主要参数及描述如表 1.4 所示。

表 1.4 电流互感器的主要参数及描述[38]

参数名称	描述
额定一次电流	单电流变比电流互感器额定一次电流标准值为 10A、12.5A、15A、20A、25A、30A、40A、50A、60A、75A
额定二次电流	其标准值为 1A、5A
额定连续热电流	其标准值为额定一次电流，当规定连续热电流大于额定一次电流时，优先值为额定一次电流的 120%、150%、200%
额定输出容量	标准值为 2.5VA、5VA、10VA、15VA、20VA、25VA、30VA、40VA、50VA、60VA、80VA、100VA
温升限值	当电流互感器的一次电流等于额定连续热电流，其绕组温升不得超过互感器对应绝缘等级的温升限值
短时电流额定值	在二次绕组短路条件下，电流互感器在 1s 内承受且无损伤的一次电流方均根值。常为 6.3kA、8kA、10kA、12.5kA、16kA、20kA、25kA、31.5kA、40kA、50kA、63kA、80kA、100kA

1.4.3 电流互感器的常见故障

电流互感器的常见故障划分方法通常有[40]：按互感器的本体可分为内部故障和外部故障；按性质又可分为热故障和放电故障；按故障发生的部位可分为一次导电回路故障、绝缘故障等。下面将对电流互感器中常见的几种故障做简单的介绍。

(1) 电流互感器的绝缘很厚，有的绝缘包绕松散，绝缘层间有皱褶，加之真空处理不良，浸渍不完全而造成含气空腔，从而易引起局部放电故障。

(2) 电容屏尺寸与排列不符合设计要求，甚至少放电容屏，电容极板不光滑平整，甚至错位或断裂，使其均压特性破坏。因此，当局部固体绝缘沿面的电场强度达到一定数值时，就会造成局部放电。

(3) 由于绝缘材料不清洁或含湿高，因此可能在其表面产生沿面放电。这种情况多见于一次端子引线沿垫块表面放电。

(4) 某些连接松动或金属件电位悬浮将导致火花放电，如一次绕组支持螺母松动，造成一次绕组屏蔽铝箔电位悬浮，末屏引线接触或焊接不良甚至断线，均会引起此类故障。

(5) 一次连接夹板、螺栓、螺母松动，末屏接地螺母松动，抽头紧固螺母松动等，均可能使接触电阻增大，从而导致局部过热故障。

第2章　变压器(含高抗)典型故障及案例分析

2.1　变压器抗短路不足导致损坏

近年来，随着电力系统电压等级的增长和变压器单台容量的增大，变压器抗短路不足问题日益突出。据不完全统计，国家电网在2002—2003年度损坏的60台变压器中，由于绕组抗短路能力不够而损坏的变压器就有21台；据2004年度国家电网公司系统的统计，110kV及以上电压等级的变压器共有53台发生损坏事故，其中抗短路能力不足而损坏的有21台；2005年度国家电网公司系统的统计，110kV及以上电压等级的变压器共有15台发生损坏事故，其中抗短路能力不足而损坏的有8台。据此可知，短路损坏已成为变压器事故的主要原因之一。

2.1.1　变压器抗短路不足导致损坏的原因

变压器抗短路能力不足导致损坏的原因有很多，主要包括以下几个方面。

(1)设计方面：在变压器短路计算方面，部分厂家采用经验公式计算，经验公式主要是基于变压器静态理论计算，实际变压器短路时作用力是一个动态的过程，因此静态理论计算与实际情况差异较大，设计缺陷导致变压器抗短路不足而损坏。

(2)工艺方面：由于变压器的制造多数依赖人工来完成，因此制造过程中难免会出现工艺偏差，如绕组绕不紧、压钉压不紧、辐向撑条支撑不牢、线圈高度不一致等情况，这些都影响变压器的抗短路能力，成为变压器在日后短路事故的隐患；同时早期变压器缺少恒压干燥、副撑条及硬纸筒等工艺，也是导致变压器短路损坏的一大原因。

(3)运行方面：首先，随着系统容量的增大，运行中变压器的短路电流在逐步增加，对变压器抗短路能力的考验也日益严重，进而引发变压器的短路损坏；同时，变压器运行过程中，短路事故频繁，多次短路电流冲击后电动力的积累效应引起电磁线软化或内部相对位移，最终导致绝缘击穿。

2.1.2 变压器绕组变形诊断

1. 短路阻抗法

变压器的每一对绕组的短路阻抗都是这两个绕组相对距离(同心圆的两个绕组空间尺寸ΣD)的增函数，而且阻抗与这两个绕组的高度的算术平均值成反比。绕组变形或导致空间尺寸变化，或者导致绕组高度变化，短路阻抗可反映绕组变形情况。变压器短路阻抗测试原理电路图如图 2.1 所示。

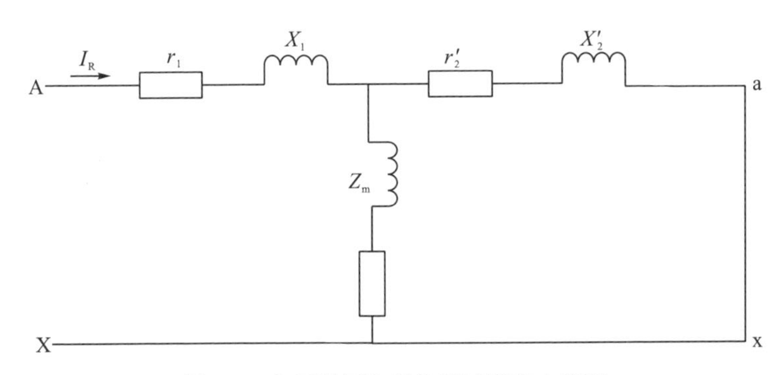

图 2.1 变压器短路阻抗测试原理电路图

2. 频率响应法

变压器的每个绕组可视为一个由电阻、电感(互感)、电容等分布参数构成的无源线性双口网络，其内部特性可通过传递函数描述，其测试原理如图 2.2 所示。

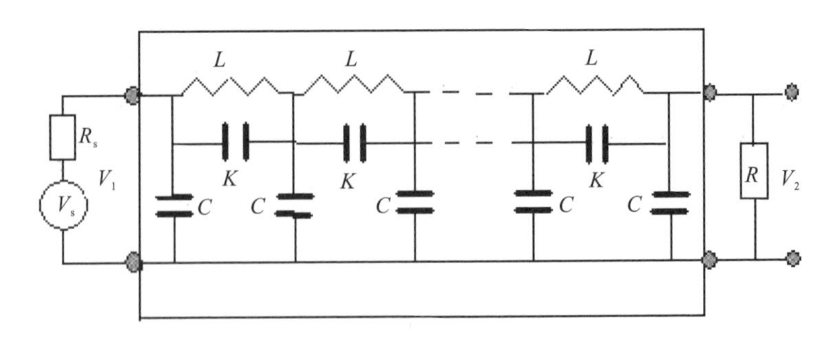

图 2.2 频响测试原理图

图 2.2 中，L 为绕组单位长度的分布电感；K 为绕组单位长度的分布电容；C 为绕组单位长度对地分布电容；V_1、V_2 分别为等效网络的激励端电压和响应端电压；V_s 为正弦波激励信号源电压；R_s 为信号源输出阻抗；R 为匹配电阻。

若绕组发生变形，则绕组内部的分布电感、电容等参数必然改变，从而导致其等效网络传递函数的零点和极点发生变化。

3. 绕组连同套管对地电容量测试

绕组发生变形时，绕组的轴向和辐向尺寸将发生变化，绕组连同套管对地电容量将发生变化。

2.1.3　变压器抗短路不足导致损坏的案例分析

1. 某变电站绕组对地绝缘击穿损坏

1) 故障情况说明

2015 年 6 月 22 日凌晨，某地区雷暴雨。1 时 26 分，220kV 某变电站(简称某变)发生了 35kV 某线路跳闸及 220kV 1 号主变压器(简称主变)跳闸故障。型号为 SFSZ10-H-180000/220GY，连接组别为 YNyn0d11，冷却方式为 ONAF，额定电压为 220/115/37kV。

2) 故障检查情况

(1) 现场检查情况。对 35kV 线路开展全线巡视，发现 35kV 某线路 2 号塔 A、B、C 三相绝缘子整串闪络。现场检查情况如图 2.3～图 2.5 所示。

图 2.3　2 号塔 A 相绝缘子、引流线雷击闪络

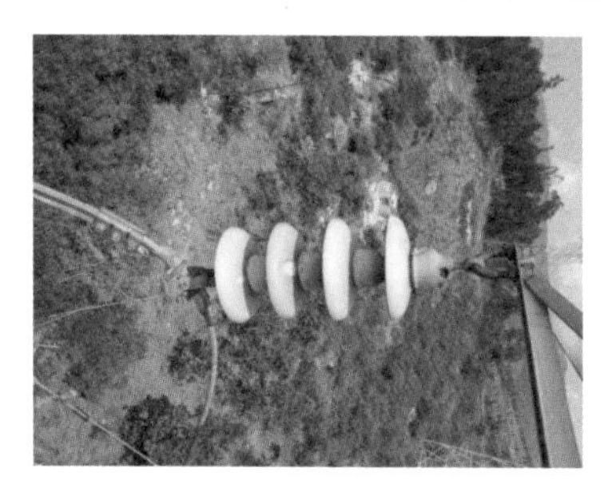

图 2.4　2 号塔 B 相跳线串绝缘子雷击闪络

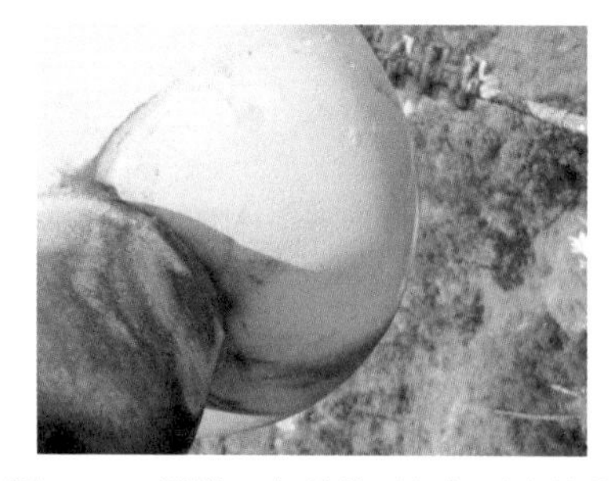

图 2.5　2 号塔 C 相绝缘子钢帽雷击灼伤痕迹

故障前开展的日常巡视中，35kV 该线路 A、B、C 三相避雷器的放电计数器记录次数为 30 次，35kV Ⅰ段母线避雷器放电计数器记录次数 A 相 6 次、B 相 3 次、C 相 7 次，1 号主变低压侧 A、B、C 三相避雷器的放电计数器记录次数为 50 次。

(2) 试验情况。故障发生后，对该主变进行了电气试验和油化试验，测试的异常情况如下。

①绕组连同套管的绝缘电阻试验结果如表 2.1 所示。

表 2.1 绕组连同套管的绝缘电阻试验结果

试验对象	跳闸后的绝缘电阻(2015 年 6 月 22 日)/(MΩ)
低压侧 B 相—高、中、地	0.0326

根据表 2.1 中绕组连同套管的绝缘电阻、吸收比试验结果来看，B 相低压绕组绝缘电阻低，怀疑 B 相低压绕组对地击穿。

②绕组连同套管的介损及电容量试验数据如表 2.2 所示。

表 2.2 绕组连同套管的介损及电容量试验数据

试验对象	介损/% (2010 年 7 月 13 日)	介损/% (2015 年 6 月 22 日)	电容量/pF (2010 年 7 月 13 日)	电容量/pF (2015 年 6 月 22 日)
低压侧 B 相 —高、中、地	0.216	电压加不上，无测试结果	7832	电压加不上，无测试结果

根据表 2.2 中绕组连同套管的介损及电容量试验数据来看，B 相低压绕组电压加不上去，怀疑是 B 相低压绕组对地击穿。

③绕组直流电阻试验数据如表 2.3 所示。

表 2.3 绕组直流电阻试验数据

油温	相别(低压侧)			
	R_{ax}/mΩ	R_{by}/mΩ	R_{cz}/mΩ	ΔR/%
35℃(2015 年 6 月 22 日)	32.42	33.44	32.62	3.11

注：$\triangle R=3(R_{max}-R_{min})/(R_{ax}+R_{by}+R_{cz})$

根据表 2.3 中直流电阻的测试数据来看，低压侧直流电阻试验超过标准值，试验数据显示为低压绕组 B 相电阻 R_{by} 偏大，判断 B 相绕组存在异常。

④频响法绕组变形测试分析。低压绕组频响测试结果及低压绕组相关系数分别如图 2.6 及表 2.4 所示。

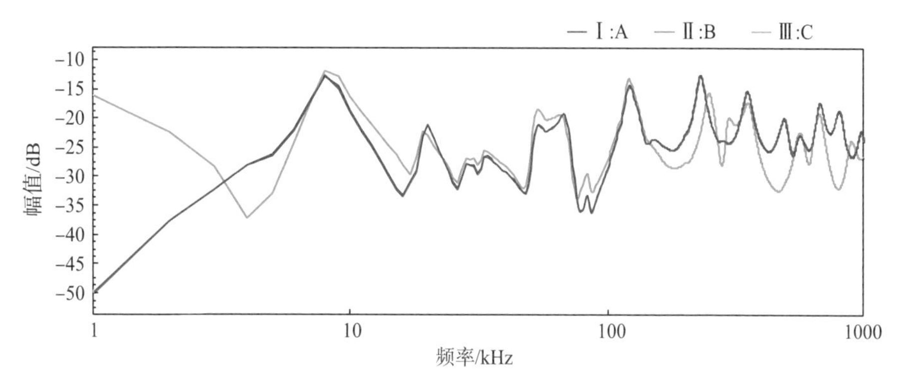

图 2.6　低压绕组频响曲线

表 2.4　低压绕组相关系数

相关频段/kHz	相关系数 RⅠ-Ⅱ	相关系数 RⅠ-Ⅲ	相关系数 RⅡ-Ⅲ
低频 LF[1，100]	0.69	3.67	0.70
中频 MF[100，600]	0.38	2.56	0.38
高频 HF[600，1000]	0.20	2.96	0.20
全频 AF[1，1000]	0.21	2.86	0.22

从主变绕组变形测试的结果来看，在低频段 B 相高、中、低均与 A、C 相图谱偏差明显，A、C 相图谱重合较好。判断 B 相高、中、低压绕组可能存在变形或匝间短路。

⑤短路阻抗法绕组变形测试数据分析如表 2.5 所示。

表 2.5　短路阻抗法绕组变形测试数据　　单位：%

测试仪器		DS—2000D 型变压器绕组变形检测判断成套仪					
测试绕组对		高—低				油温：35℃	
测试接线		Y0 接线（三相四线法）		分接档位		10/00	
U_{ka}	24.87	U_{kb}	24.33	U_{kc}	24.82	ΔU_{max}	2.212
U_{km}（铭牌）		25.07	U_{ks}（实测）		24.67	ΔU_k	-1.582
数据分析	存在变形						
测试绕组对		中—低				油温：35℃	
测试接线		Y0 接线（三相四线法）		分接档位		19/00	
U_{ka}	8.047	U_{kb}	7.507	U_{kc}	8.078	ΔU_{max}	7.610
U_{km}（铭牌）		8.090	U_{ks}（实测）		7.877	ΔU_k	-2.692
数据分析		存在变形					

短路阻抗法绕组变形测试如表 2.5 所示，高—低、中—低测试异常。通过纵向分析，故障后中—低测试结果与上次值的偏差 a 为-0.98%、b 为-7.55%、c 为-1.05%，B 相偏差已超过《电力变压器绕组变形的短路阻抗法检测判断导则》(DL/T 1093—2018)的要求(标准中注意值为±1.6%)；横向分析，三相横向偏差为7.829%，已超过《电力变压器绕组变形的短路阻抗法检测判断导则》(DL/T 1093—2018)的要求(标准中注意值为不大于 2%)。因此判断低压绕组 B 相发生变形。

⑥油色谱分析。220kV 某变电站 1 号主变油色谱试验数据如表 2.6 所示。

表 2.6 220kV 某变电站 1 号主变油色谱试验数据 单位：μL/L

组分	本体 A 相中部	本体 B 相中部	本体 C 相中部	注意值
H_2	97.99	484.72	63.99	≤150
CO	556.21	814.29	545.35	—
CO_2	2005.92	2004.78	1967.04	—
CH_4	45.38	134.02	39.37	—
C_2H_6	20.71	27.53	19.70	—
C_2H_4	32.89	144.56	25.22	—
C_2H_2	52.37	263.56	38.37	≤5
总烃	151.35	569.95	122.66	≤150

由表 2.6 可知，A、B、C 三相乙炔均超过注意值，A、B 两相总烃均超过注意值，B 相的氢气超过注意值。从数值上看，B 相表征放电特征气体乙炔和氢气较其他两相数据高。

(3)解体检查情况。

①B 相整体外观无异常，但是在上铁轭和上部压板上有烧焦的纸屑散落的情况，详细情况如图 2.7～图 2.9 所示。

图 2.7 主变 B 相整体情况

图 2.8 上铁轭纸屑情况

图 2.9 压板纸屑情况

②B 相低压绕组高度比高、中压绕组高度低 3～5mm，如图 2.10 所示。

图 2.10　B 相低压绕组高度低于高、中压绕组

③B 相高压、中压及调压绕组外观无异常，如图 2.11 所示。

图 2.11　B 相高压、中压及调压绕组外观

④B 相低压绕组 3 个换位处(上、中、下)均出现线饼倒塌或倾斜现象，其中中部换位区域 3 匝线圈有烧损及断股情况，如图 2.12 所示。

图 2.12 B 相低压绕组

⑤B 相低压硬纸筒对应故障部位有挤压破损及烧蚀的现象，如图 2.13 所示；B 相铁芯对应故障部位有 3 级烧蚀痕迹，如图 2.14 所示。

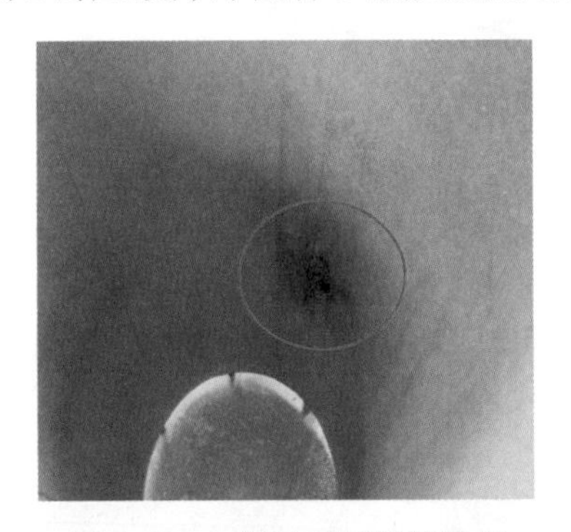

图 2.13 B 相低压硬纸筒损坏

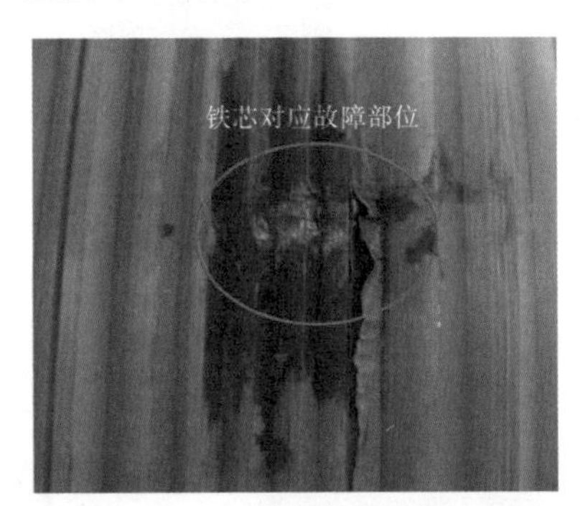

图 2.14 B 相铁芯烧损情况

⑥A 相进行解体检查，解体情况如图 2.15 所示，调压、高压、中压及低压绕组未发现明显异常。

图 2.15 A 相解体情况

3) 故障原因分析及处理措施

(1) 故障录波图分析。对照解体情况和主变故障录波图分析，录波图如图 2.16 所示，该故障过程可能为：第 I 阶段，雷击引起主变低压侧三相短路，持续 65.8ms 后，故障切除；第 II 阶段，故障切除后，A、B、C 三相电压恢复；第III阶段为电压恢复约一个周波时间后，B 相低压绕组发生匝间击穿(35kV 电压波形有跌落及电压波动情况)；第Ⅳ阶段，该匝间短路持续约两个周波后，此时匝间短路位置对铁芯放电，从录波图上看，此时的 35kV A、B 两相电压出现大小相等方向相反现象，该主变连接组别为 YNyn0d11，低压侧为角接，A、B 两相与 B 相低压绕组对应，解体发现 B 相低压绕组中部换位处匝间短路并对铁芯放电与录波图中 A、B 两相电压出现大小相等方向相反情况吻合；之后差动动作，主变跳闸。

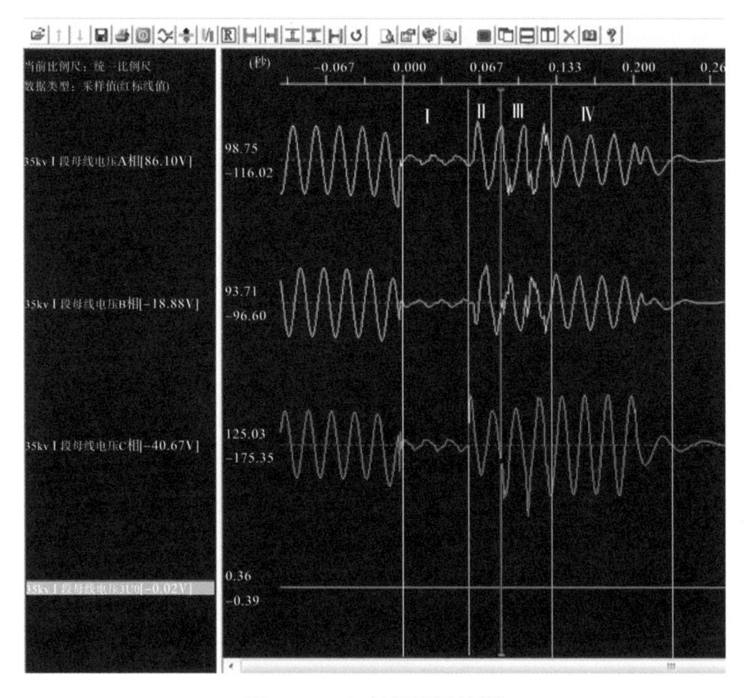

图 2.16　主变故障录波图

(2) 抗短路能力分析。该主变退出运行前，35kV 该线路发生 A、B、C 三相故障，系统发生的短路一次，故障电流达到 14.1kA，持续时间为 65.8ms。

按照《电力变压器　第 5 部分：承受短路的能力》(GB/T 1094.5—2008) 要求，对于某变电站 1 号主变，在不考虑系统阻抗时，考虑最严苛情况双电源点供电时，该主变低压侧应能承受 35.1kA，短路试验时每相应能承受 0.25s/3 次，而不发生损坏。

从故障当天的短路电流和持续时间来看，此台变压器损坏时的短路电流及持续的时间均未超过规定。

(3)损坏原因分析。

①2015年6月22日1时26分，220kV某变电站35kV该线路发生三相短路，35kV该线路383断路器正确动作跳开故障点，之后1号主变差动动作退出运行；综合现场试验、内检及解体检查情况，判断B相低压绕组发生了变形，且有放电故障已致使B相低压绕组对地绝缘降低。

②综合变压器损坏时短路电流及短路时间、运行中的短路情况、抗短路能力校核及解体检查情况，认为某变电站1号主变抗短路能力不满足运行要求是导致本次故障的根本原因。

2. 110kV某变电站1号主变压钉崩裂故障

1)故障情况说明

2012年3月9日9时10分，110kV某变电站1号主变发生重瓦斯动作，主变退出运行。主变退出运行前，系统发生的短路共3次。最大短路电流为16.6kA，持续最长时间为182ms。故障产品型号为SFZ9-40000/110GYW，投产日期为2005年4月23日。

2)故障检查情况

(1)试验情况。1号主变发生低压侧短路后，对1号主变进行了电气试验和油化验，异常情况如下。

①变比试验。变比试验结果如表2.7所示。该变比试验测试值与出厂值比较，B相变比偏差较大，怀疑低压B相存在匝间短路。

表2.7　变比试验测试值(档位：5档)

K_N	11	偏差/%	出厂偏差值/%
K_{ab}	11.010	+0.09	−0.05
K_{bc}	11.081	+0.74	−0.04
K_{ca}	11.008	+0.07	−0.04

②绕组变形测试。低压绕组频响曲线及低压绕组相关系数分别如图2.17及表2.8所示。从低压绕组测试结果分析，BC和CA吻合较好，AB与BC、CA差异明显，因此怀疑AB(YNd11连接，AB主要反映B相绕组情况)存在变形。

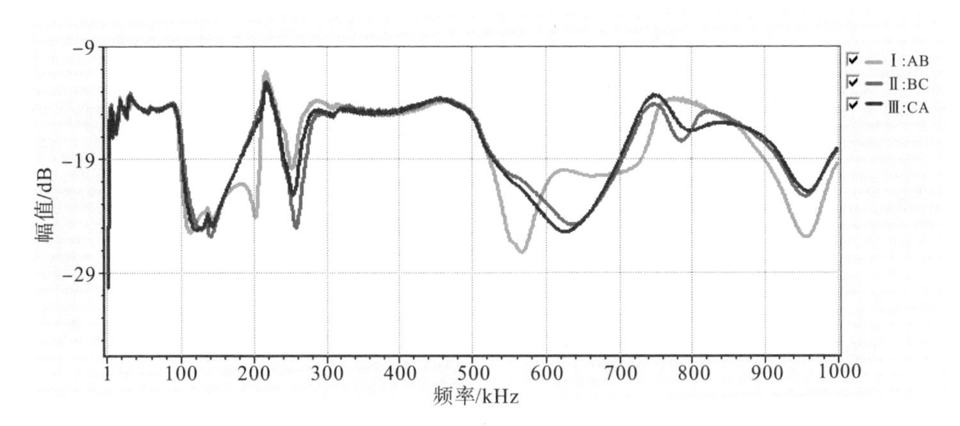

图 2.17　低压绕组频响曲线

表 2.8　低压绕组相关系数

相关频段/kHz	相关系数 RI-II	相关系数 RI-III	相关系数 RII-III
低频 LF[1,100]	1.217	1.425	1.869
中频 MF[100,600]	0.738	0.980	1.546
高频 HF[600,1000]	0.582	0.509	1.746
全频 AF[1,1000]	0.699	0.754	1.643

③油化试验。油色谱分析结果如表 2.9 所示。主变跳闸后，根据油色谱数据可知，总烃、C_2H_2、H_2 均已超过注意值(H_2、总烃注意值为 150，C_2H_2 注意值为 5)，进行三比值分析，故障编码为“1，0，2”，按《变压器油中溶解气体分析和判断导则》(DL722—2014)判断故障类型为“电弧放电”。

表 2.9　油色谱分析　　单位：μL/L

组分	2012 年 3 月 9 日主变跳闸后
	1 号放油阀(油枕侧)
H_2	307.26
CO	947.49
CO_2	4278.57
CH_4	75.76
C_2H_4	184.07
C_2H_6	10.47
C_2H_2	171.57
总烃	441.87

(2)现场吊罩情况。对 1 号主变进行了现场吊罩检查，吊罩检查情况如图 2.18～图 2.22 所示，发现 1 号主变上夹件有 4 颗压钉与夹件焊接部位断裂(A 相 1 颗，B 相 3 颗)，其中两颗掉落。B 相绕组上部垫块有掉落、移位现象。

图 2.18 整体情况(低压出线侧)

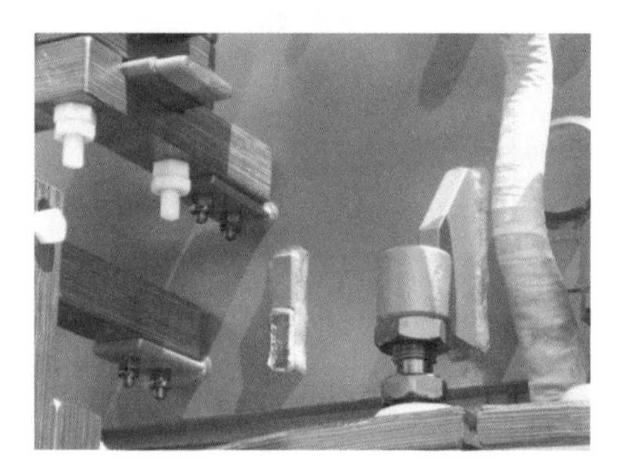
图 2.19 低压出线侧 B 相压钉掉落 1 颗

图 2.20 高压出线侧，A 相 1 颗压钉断裂

图 2.21 A、B 两相垫块移位松动

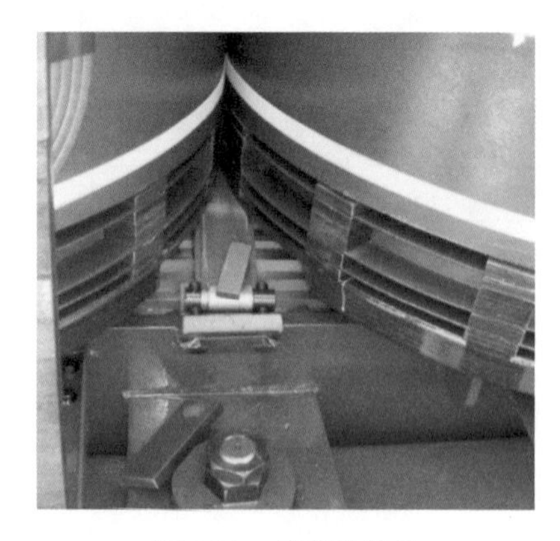
图 2.22 掉落的垫块

(3)解体检查情况。对某变电站 1 号主变进行了解体，将高低压绕组全部吊出并进行全面的检查，解体检查情况如图 2.23～图 2.26 所示。

图 2.23　低压 B 相端部导线匝间短路

图 2.24　低压 B 相上端部导线向内侧凹

图 2.25　低压 B 相绕组拔出后

图 2.26　低压 B 相拔掉绝缘桶后绕组内侧

解体情况为：B 相铁芯柱上部有碳粒附着，低压 B 相绕组上端端圈断裂、端部 3-4 线匝短路、上端部轻微变形；低压 A、C 两相绕组外观基本完好。

3)故障原因分析

综合试验、解体情况，故障的原因为：绕组端部压紧力不够，特别是上铁轭下部缺少垫块压紧，在电动力作用下绕组发生轴向运动，致使上铁轭压钉断裂、垫块松动移位和低压绕组 B 相端圈折断；在运动过程中低压 B 相匝间绝缘受损，造成匝间短路，产生环流，最终使变压器重瓦斯保护动作，主变跳闸。

3. 某主变绕组变形及匝间短路损坏

1)故障情况说明

2017 年 1 月 4 日，天气小雨有风，11 时 14 分，110kV 某 1 号主变高、中、低三侧断路器跳闸，导致Ⅰ段母线失压。故障设备型号为 SFSZ9-63000/110GYW，出厂日期为 2008 年 10 月。

2) 故障检查情况

(1) 现场检查情况。

①10kV 某线出线引流线 B 相烧断、A 相有断股，如图 2.27 所示。

图 2.27　某线出线引流线断线情况

②022 断路器 TA 的 B、C 两相一次侧有烧蚀的缺口，如图 2.28 和图 2.29 所示。

图 2.28　022 断路器 TA 的 B、C 两相一次侧有烧蚀的缺口

图 2.29　022 断路器 TA 的 C 相一次侧有烧蚀的缺口

③10kV 1 号电容器母线侧 0211 隔离开关引流线 A 相烧坏脱落，如图 2.30 所示。

图 2.30　0211 隔离开关引流线 A 相烧坏脱落

此外，检查变压器故障后的试验报告发现，低压直流电阻不平衡率偏差达到 7.23%，远远超出 1%的标准要求；频响法中低压绕组相关系数较低；油色谱乙炔含量达 231μL/L、总烃含量为 588μL/L。综合判断 1 号主变内部出现匝间短路绝缘故障，低压绕组已变形受损，中压绕组有变形受损的可能。

(2)解体检查情况。

2017 年 1 月 20 日，在厂家对某变电站 1 号主变进行了解体吊罩检查，检查结果如下。

B 相检查情况如图 2.31～图 2.33 所示。其中，高、中、低压绕组整体有位移，底部垫块有明显的错位，最大错位距离达 2cm，中压绕组变形，绕组顶部绝缘纸板上有烧熔的细小铜颗粒，低压绕组中部在换位位置处有匝间放电痕迹。

图 2.31 B 相中压有明显变形

图 2.32 B 相中压绕组明显变形

图 2.33　B 相低压绕组中部换位处匝间短路

C 相高压绕组未见明显变形；低压绕组中部有匝间短路痕迹，且匝间短路烧蚀较为严重(比 B 相低压绕组严重)，如图 2.34 所示，有多根导线烧出熔断缺口，绕组顶部的绝缘纸板上有细小的铜颗粒，如图 2.35 所示。

图 2.34　C 相低压绕组中部匝间故障

图 2.35 C 相绕组顶部绝缘纸板上有烧熔的铜颗粒

3) 故障原因分析

根据现场检查情况、变压器的解体检查结合变压器故障后试验报告综合分析如下。

(1) 故障的起因是 10kV Ⅰ段母线某线出线引流线断线引起了 B、C 相间和三相短路故障，因短路烧熔的金属颗粒粉尘飘散到母线侧，又引发了第二阶段的 B、C 相间和三相短路，两次短路造成了某 1 号主变的损坏。

(2) 该主变低压侧抗短路能力不足：在本次短路故障中，高、中和低压侧短路电流分别为 3.5kA、5.8kA 和 24kA，而变压器高、中、低压侧设计可承受的短路电流值分别为 5.67kA、16.2kA、20.78kA，低压侧短路电流超过了设计可承受的设计极限值，过大的应力导致了导线换位位置处出现局部变形从而引发匝间短路。

(3) 该主变中压侧抗短路能力不足：对 B 相中压绕组的鼓包变形分析，本次中压短路电流较小。检查运行记录表发现，自 2008 年投运至今，全站过流保护动作共有 440 次，其中 I 段保护动作约 220 次。历年的电容量数据显示，中压绕组连同套管的电容量 2014 年、2016 年、2017 年的数据分别为 21.87nF、23.68nF、24.83nF，可以看出 2016 年比 2014 年电容量增加了 8.4%，2017 年比 2016 年增加了 5%，从历史实验数据结果可知中压侧损坏不是本次导致的，而是多次短路冲击累积效应导致的。

4. 110kV 某变电站中、低压绕组变形

1) 故障情况说明

2017 年 6 月 21 日 13 时 17 分 5 秒 109 毫秒，110kV 某变电站 35kV 某线路 B 相避雷器遭雷击掉落造成单相接地，进而发展为 A、B 相间故障。因 TA 极性接

反，中压快速保护拒动恶化为三相短路，又因主变中后备保护整定反向导致拒动，最后由 1 号、2 号主变高后备复压过流 I 段 1 时限保护动作跳开，故障设备型号为 SFSZ9-31500/110，出厂日期为 2003 年 10 月。

2) 故障检查情况

(1) 现场检查情况。110kV 某变电站 35kV 某线路 B 相避雷器上端及引流线与底座分离，361 断路器靠母线侧 A、B 相有烧蚀痕迹，线路电压互感器的 B 相连接线严重烧损，如图 2.36 所示。

(2) 试验情况。

①110kV 1 号主变。中—高、低及地与低—高、中及地的绕组连同套管电容量测试结果异常(偏差为 12.73%和 31.27%)、高—中与中—低的短路阻抗测试结果超标(1 档时横向偏差为 10.163%和 12.153%，10 档时横向偏差为 10.727%和 12.153%，1 档时纵向偏差为-2.96%和无结果，10 档时纵向偏差为-1.679%和-2.927%)、油色谱数据分析总烃超过注意值(总烃为 172.02μL/L)。

②35kV 电流互感器极性检查。352 断路器 TA、353 断路器 TA、361 断路器 TA、362 断路器 TA、363 断路器 TA 极性接反。

(3) 35kV 线路雷击查询。雷电定位系统显示 35kV 线路 1 在 13 时 17 分 5 秒 109 毫秒时有雷击，如图 2.37 所示。

图 2.36 361 线路间隔设备故障情况

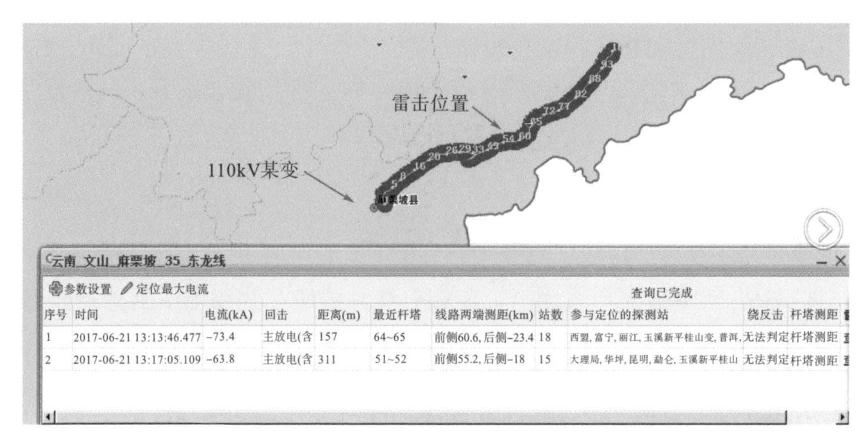

图 2.37　35kV 线路 1 雷电查询情况

(4)解体检查情况。

①中压绕组。中压绕组 A、B、C 三相辐向严重鼓包变形，拔线圈时挤压严重，如图 2.38 所示。

图 2.38　中压绕组 A、B、C 三相线圈辐向严重鼓包变形

②低压绕组。低压绕组 A、B、C 三相线圈轴向和辐向严重鼓包变形，如图 2.39 所示。

3) 故障原因分析

结合雷击数据、保护记录及动作信息、解体检查情况综合分析，故障由最初的 35kV 线路 B 相遭受雷击引起 B 相避雷器故障开始，炸裂后与避雷器底座脱落并摇摆于 A、B 相附近，进而发展为 A、B 相间短路，最后恶化为 A、B、C 三相短路，引起高压三相线圈轻微松动、轴向轻微变形，中压三相线圈辐向严重鼓包变形。

图 2.39　低压绕组 A、B、C 三相线圈轴向和辐向严重鼓包变形

因本次故障为主变中压侧短路，不会直接引发低压绕组严重鼓包变形。而解体检查发现低压三相线圈轴向多片垫块掉落、辐向严重鼓包变形的情况，应在本次故障前已发生。

5. 110kV 某变电站低压绕组对地击穿

1) 故障情况说明

2017 年 8 月 23 日 12 时 52 分，110kV 某变电站 10kV 某线路瞬时电流速断动作跳开 063 开关，再度合上 063 开关后 2 号主变本体重瓦斯保护动作跳开 102 开关。设备型号为 SFSZ9-50000/110，出厂日期为 2009 年 4 月。

2) 故障检查情况

(1) 现场检查情况。10kV 该线路上的移动基站支线开关 02F 龙门架上 C 相烧断，出线端掉在地上；距出线端 120m 的移动基站支线变压器 A、B 两相保险熔断跌落，如图 2.40 和图 2.41 所示。

图 2.40　10kV 移动基站支线开关 02F 龙门架上 C 相烧断

图 2.41 10kV 移动基站支线变压器 A、B 两相保险熔断跌落

(2) 试验情况。

①2 号主变低压绕组对高、中压绕组及地绝缘电阻值为 0Ω，铁芯对地绝缘电阻值为 0.06MΩ，说明低压绕组与高、中压绕组及地之间存在短路情况，铁芯对地绝缘已损坏。

②低压侧绕组直流电阻不平衡率为 23.3%，换算为相电阻(A 为 28.84mΩ；B 为 17.09mΩ；C 为 17.07mΩ)后，A 相电阻明显偏大，推断 2 号主变低压绕组 A 相存在断股、断线故障。

③高—中、低绕组连同套管的电容量与上次试验值偏差达−23.17%，低—高、中绕组连同套管的电容量为 0，说明绕组变形严重，低压绕组与中压绕组对地存在短路情况。

④高—中、高—低绕组低电压短路阻抗与出厂值比偏差较大(高—中实测为 6.2%，出厂为 10.66%；高—低实测为 6.343%，出厂为 18.86%)，说明绕组变形严重，已超过标准要求值。

⑤横向对比绕组变形曲线，相关系数较小、曲线一致性较差，推断低压绕组存在明显变形情况。

⑥油色谱分析中总烃值、乙炔值、氢气超过注意值(实测值为 H_2≤263.13μL/L、C_2H_2≤233.92μL/L、总烃≤729.51μL/L；标准值为 H_2≤150μL/L、C_2H_2≤5μL/L、

总烃≤150μL/L），用三比值法分析故障编码为 102，对应的故障类型为线圈层间、匝间放电，相间闪络，高电位对接地体放电。

(3)解体检查情况。2017 年 9 月 22 日，对 2 号主变进行了解体检查，具体如下。

①A 相低压绕组整体出现垮塌、移位，表面有鼓包、凹陷现象，如图 2.42 所示。

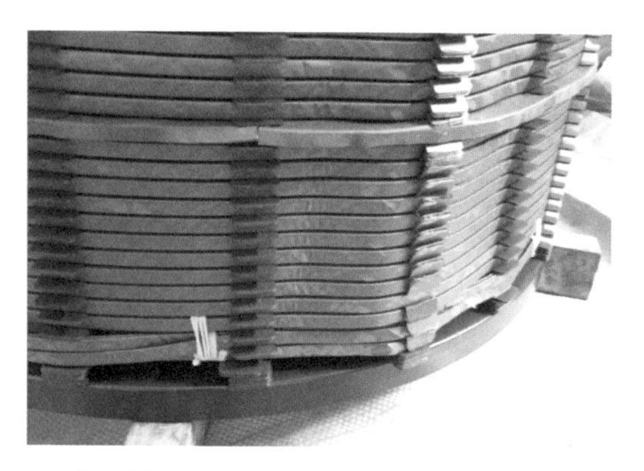

图 2.42　A 相低压绕组外观

②A 相低压绕组线下沿有两处出现烧蚀、断线，如图 2.43 所示。

图 2.43　A 相低压绕组烧蚀、断线

3) 故障原因分析

结合现场检查、保护记录及解体检查情况综合分析，造成本次 2 号主变故障的原因为：10kV 线路发生短路故障，2 号主变遭受多次近区短路，在短路电动力作用下低压绕组移位、垮塌，致使低压绕组 A 相对铁芯绝缘距离降低、越过纸筒边缘对铁芯放电，主变差动保护动作；再次合 063 开关后低压绕组对铁芯短路，放电恶化，线圈烧毁、重瓦斯动作。

6. 220kV 某变电站 2 号主变三相变形与匝间击穿

1) 故障情况说明

2009 年 6 月，因为两次用户设备故障，造成 220kV 某变电站 1 号、2 号主变 35kV 侧近区短路。

2) 故障检查情况

(1) 现场检查情况。6 月 26 日 6 时 49 分开始，由于 35kV 线路连续出现接地且持续时间较长，最终造成 35kV 5 号电容器组电缆头 C 相击穿，与柜体放电，由于 A 相一直接地，形成了 A、C 相短路，因此放电与短路产生的弧光和热流先与邻近支柱绝缘顶部造成 A、B、C 三相短路，5 号电容器组保护过流 I 段动作。现场检查情况如图 2.44 所示。

(a)电缆出线三相短路

(b)静触点与动触点短路

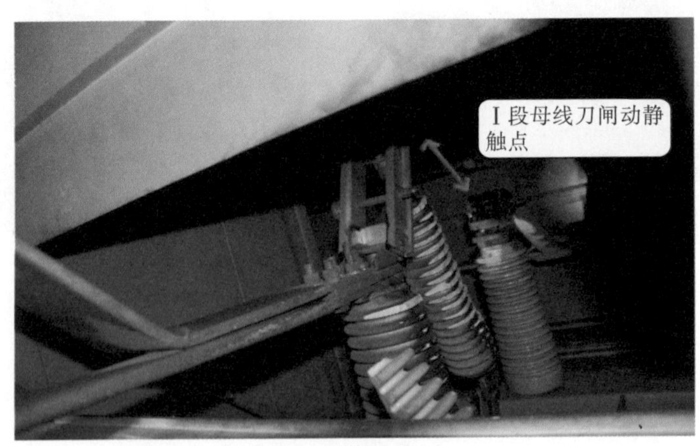

(c)刀闸动静触点

图 2.44 现场检查情况

通过分析，本次故障是 35kV 某线路 341 引起 35kV 系统断线和接地，共发生两次 A、C 相分别接地，最后一次的 C 相接地为 355 的电缆头击穿放电，柜体结构的不合理最终导致 35kV 母线失压。

2009 年 6 月 27 日对 1 号、2 号主变油样分析中，1 号主变特征气体正常，2 号主变乙炔超标(超规程注意值 9 倍)，A 相为 16.44μL/L、B 相为 30.20μL/L、C 相为 44.58μL/L，初步判断为低能放电，绕组直流电阻低压侧不平衡率超标，其值 A 相为 37.88mΩ、B 相为 37.4mΩ、C 相为 151.5mΩ，最大不平衡率为 151%，其余试验项目正常，经过初步分析判断为 C 相低压绕组断线或接线松动接触不良。

(2)解体检查情况。7 月 14 日 2 号将主变压器送到变压器厂进行厂内吊罩检查，C 相主压板下面，靠内侧低压绕组上方垫块及低压与中压衬纸处，有明显放电痕迹和金属粉末，如图 2.45 所示。

图 2.45　C 相解体检查

B 相低压绕组硬纸筒上移，中、下部有明显的向心电动力扭曲变形，低频绕组被挤压损坏，如图 2.46 所示。

图 2.46　B 相解体检查

A 相低压绕组中上部外扩，有轻微变形，如图 2.47 所示。

图 2.47　A 相解体检查

3) 故障原因分析

该主变因低压侧近区多次发生短路，最终造成该主变低压绕组多处变形及绝缘击穿的情况。

7. 某变电站 1 号主变中压对低压击穿故障

1) 故障情况说明

2011 年 5 月 24 日，取某主变中部油样做色谱分析时发现 H_2、C_2H_2、总烃严重超标，检测结果 H_2 为 7330.72μL/L、C_2H_2 为 4693.33μL/L、总烃为 6339.70μL/L。设备型号为 SFSZ9-40000/110，投运日期为 2001 年 3 月 24 日。

2) 故障检查情况

(1) 试验情况。

①高压、中压和低压绕组连同套管的介损均显著增大，高压对中、低压及地的电容量减小，中压对高、低压及地的电容量增大，低压对高、中压及地的电容量增大。

②高压和低压绕组直流泄漏电流满足规程要求，中压绕组的直流泄漏电流为 81μA，已超过规程要求。

(2) 绕组变形短路阻抗法测试结果。

①高压绕组在额定分接位置对低压绕组实测 A、B、C 3 个单相阻抗电压值互比偏差超过 22%。

②中压绕组在 1 档分接位置对低压绕组实测 Am、Bm、Cm 3 个单相阻抗电压值互比偏差超过 37670.10%。

从 2011 年 5 月 31 日所做的变压器绕组变形短路阻抗法测试的结果来看，变压器高压绕组存在一定程度的变形，中压绕组存在严重变形。

(3) 解体检查情况。

①高、中、低压和调压线圈及围屏、端部引线等处有大量游离碳黑，如图 2.48 所示。

(a)高压绕组及围屏表面附着游离碳黑

(b)高压绕组端部引线表面附着大量游离碳黑

图 2.48　线圈及围屏、端部引线表面附着大量游离碳黑

②中压侧三相绕组均有明显变形现象，如图 2.49 所示。

(a)Am相 (b)Bm相 (c)Cm相

图 2.49 中压绕组变形图

③低压绕组(A 相)中部一线匝有明显放电灼伤痕迹，如图 2.50 所示。

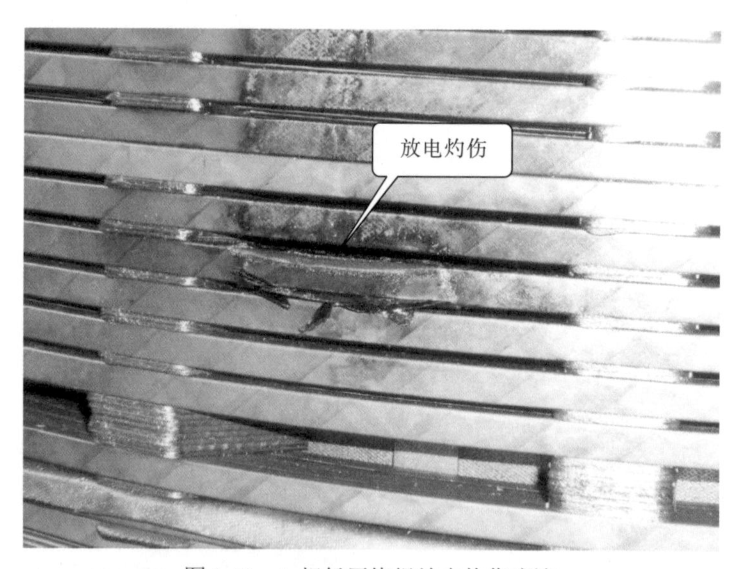

图 2.50 A 相低压绕组放电灼伤痕迹

④中、低压绕组(A 相)之间对应低压绕组中部放电灼伤处有戳穿、放电痕迹，如图 2.51 所示。

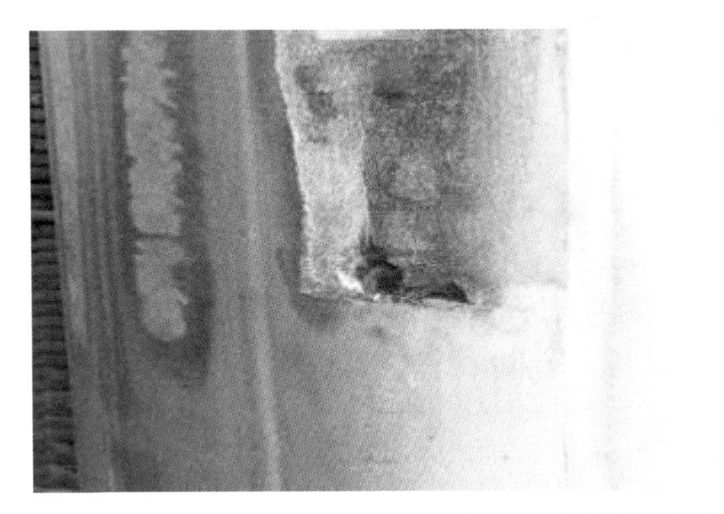

图 2.51　A 相中、低压绕组之间对应低压绕组中部放电灼伤处有戳穿、放电痕迹

3) 故障原因分析

根据现场吊罩检查情况来看，变压器中压侧 Am、Bm、Cm 三相绕组已存在不同程度的严重变形，分析认为该主变存在辐向抗短路能力不足，运行中发生三相对称短路导致其损坏。

8. 220kV 某变电站 1 号主变轴向失稳

1) 故障情况说明

2015 年 10 月 15 日 14 时 56 分 22 秒，某集控中心后台发出 220kV 某变电站主变发生故障信息。经查短路持续时间为 641ms，流经主变低压侧的短路电流有效值为 14.7kA。设备型号为 SFSZ10-180000/220，出厂日期为 2006 年 7 月。

2) 解体检查情况

2015 年 11 月 23 日，220kV 某变电站 1 号主变解体检查分析情况如下。

解体检查发现，C 相线圈下部有铜屑、纸屑散落，如图 2.52 所示；围屏有烧蚀，如图 2.53 所示；C 相铁芯柱上部存在烧损痕迹，如图 2.54 所示；旁柱上端有硅钢片翘边瑕疵；A、B、C 三相铁芯柱中上部硅钢片均有锈蚀；旁柱未发现锈蚀。

图 2.52 C 相线圈下部有铜屑、纸屑散落情况

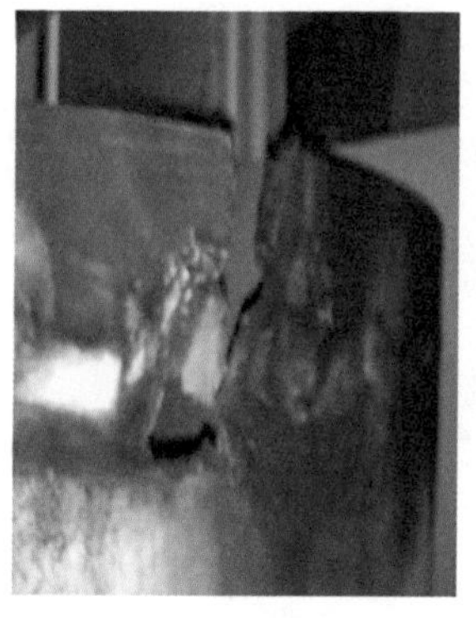

图 2.53 C 相围屏烧蚀情况

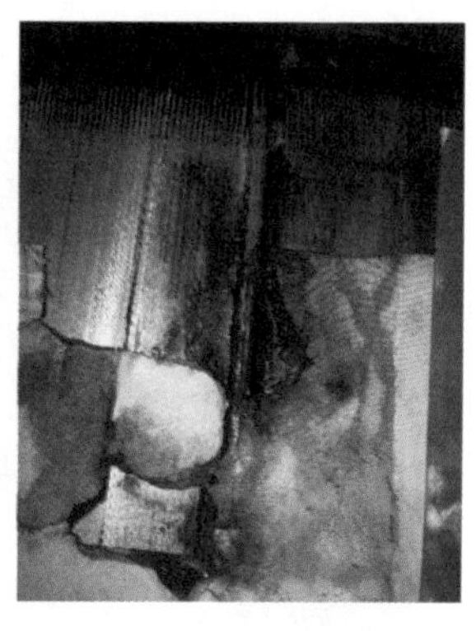

图 2.54 C 相铁芯上部烧损情况

解体检查发现低压绕组存在变形及匝间短路损坏情况，如图 2.55～图 2.57 所示。

图 2.55 C 相低压绕组损坏、变形情况

图 2.56 C 相低压绕组损坏、变形局部情况

图 2.57　C 相平衡线圈及硬纸筒损坏情况

(1) C 相上部端圈弯折、垫块坍塌。

(2) C 相有 4 段线饼短路，短路处对应绕组整体轴向有较大位移。

(3) 低压绕组上下出线端处各有两处布带绑扎，布带绑扎相隔两个撑条位。

3) 故障原因分析

结合解体情况，经讨论认为在短路电流冲击下，低压绕组先发生了辐向扭动，在导线扭动的带动下上端部垫块发生了位移，进而发生坍塌，致使绕组端部导线失去轴向压紧力，在电动力下绕组端部线饼(导线)上下移动致使端部端圈弯折，进而引起导线匝绝缘破损，造成短路，产生电弧使故障扩大。

9. 220kV 某主变平衡绕组变形

1) 故障情况说明

2018 年 9 月 30 日 220kV 某变电站 2 号主变经验收完成后具备投运条件，对 2 号主变进行合闸冲击试验，冲击合闸 4 次，主变均比率差动保护动作，该主变型号为 SFSZ11-H-18000/220，连接组标号为 YNyn0yn0+d11(d 为平衡绕组，接线方式经 C 头 A 尾引出后短接接地)。

2) 故障检查情况

(1) 试验检查情况。4 次冲击合闸试验排除了保护装置误动的可能性，可以确定 2 号主变本体有故障点，因此根据 2 号主变高、中、低压三侧电压未明显下降且有故障电流判定故障点可能存在于不反映三侧电压量的平衡绕组及主变调压的末端接线处。

2018 年 10 月 1 日，2 号主变本体进行绝缘油色谱分析试验、直流电阻及绕组变形试验，未发现异常，排除了主变调压的末端故障的可能，怀疑平衡绕组极性接反，为了验证平衡绕组极性是否接反，现场讨论在 2 号主变低压侧加入三相对称电压，并脱开平衡绕组短接接地线，测量开口三角处的电压，进而来排查平衡绕组处故障，平衡绕组开口三角电压幅值如表 2.10 所示。

表 2.10 平衡绕组开口三角电压幅值

低压侧加入电压幅值及相位/V	测量平衡绕组侧电压幅值/V
$U_{La1}=20\angle 0°$ $U_{Lb1}=20\angle 240°$ $U_{Lc1}=20\angle 120°$	18.8
$U_{La2}=30\angle 0°$ $U_{Lb2}=30\angle 240°$ $U_{Lc2}=30\angle 120°$	28.3
$U_{La3}=50\angle 0°$ $U_{Lb3}=50\angle 240°$ $U_{Lc3}=50\angle 120°$	47.1

当平衡绕组某一相首尾接反时，根据变比公式 $U_{Pl}=U_{La}\sqrt{3}\times 2/$（38.5/10.5）得出理论值和实际测量值一致，确定本次 2 号主变 4 次冲击合闸不成功，比率差动保护动作的原因为平衡绕组某一相首尾接反。

为了确认极性接反后，产生的故障电流是否使主变的平衡绕组发生损坏，现场对该主变开展了绕组连同套管的电容量和介损的测试，测试情况如表 2.11 所示。

表 2. 11 绕组对地电容量变化情况

测试位置	交接试验值		冲击后值		电容量变化 ΔC/%
	介损/%	电容量/nF	介损/%	电容量/nF	
高—中压、低压、平衡绕组及地	0.361	37.07	0.280	36.88	−0.51
中—高压、低压、平衡绕组及地	0.375	21.82	0.335	21.79	−0.14
低—高压、中压、平衡绕组及地	0.243	41.30	0.239	41.48	0.44
平衡绕组—高压、中压、低压及地	0.191	34.26	0.209	34.93	1.96

从测试的情况来看，平衡绕组—高压、中压、低压及地电容量与交接试验值偏差达到 1.96%，其他变化量较小，因此怀疑平衡绕组存在轻微变形情况。

(2) 现场内检情况。该主变平衡绕组为角接形式，Wa 与 Wy 相连，Wb 与 Wz 相连，Wc 与 Wx 引出后短接接地，正确的接线方式如图 2.58 所示。

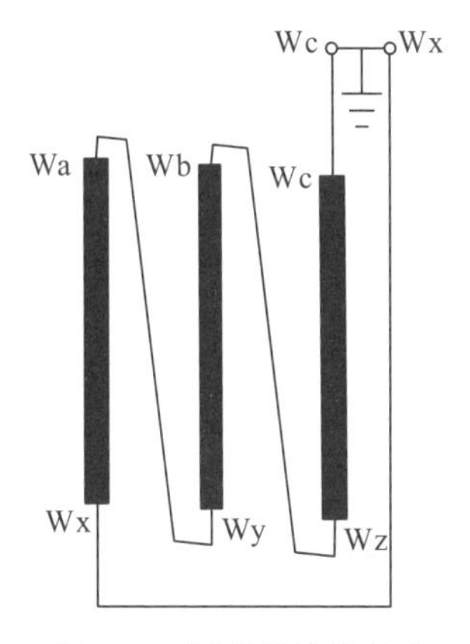

图 2.58　正确的接线方式

为了进一步确认该主变是否为极性接反导致，现场安排工作人员对平衡绕组进行内检，内检时，发现 Wb 误接到 Wx 处，Wx 误接到 Wz 上，与正常接线的图相比，相当于平衡绕组的 C 相极性接反。

(3)解体检查情况。打开围屏后，对 C 相平衡绕组的外观进行检查，未发现明显的异常，如图 2.59 所示。

图 2.59　C 相平衡绕组外观

进一步开展线圈辐向检查、导线松紧度检查、线圈匝间绝缘无破损无污染、线圈清洁/无金属异物/灰尘污垢、线圈垫块轴向垂直偏差、线圈油道检查、撑条间距测量、线圈内径测量、挡油垫块放置检查、线圈出头偏差检查、线圈撑条检查。现场检查的图片和检查结果如图 2.60 和图 2.61 所示。

图 2.60　线圈外径尺寸检查

图 2.61　垂直度检查

该 2 号主变 C 相平衡绕组检查情况如表 2.12 所示。

表 2.12　C 相平衡绕组检查情况

序号	检测项目	厂家质量要求及标准	检查记录
1	线圈辐向检查	线圈辐向符合公差±1mm	16mm，符合要求
2	导线松紧度检查	导线间不得松动，间距不大于 1mm	符合
3	线圈匝间绝缘无破损、无污染	线圈匝间绝缘无破损、无污染	无
4	线圈清洁/无金属异物/灰尘污垢	线圈清洁/无金属异物/灰尘污垢	无
5	线圈垫块轴向垂直偏差	线圈垫块轴向垂直偏差≤3mm	抽查部分垫块偏差为 4～5mm
6	线圈油道检查	无悬浮物，堵塞≤10%	未发现
7	撑条间距测量	间距符合公差范围±2mm	最大与最小之差为 4mm
8	线圈内径测量	线圈内径累计符合公差范围±2mm	最大与最小之差为 10mm
9	挡油垫块放置检查	导油隔板放置符合图纸要求	符合
10	线圈出头偏差检查	连续式出头偏差：-5～+5 螺旋式出头偏差：-15～+15	连续式：3.5mm
11	线圈撑条检查	无分层/开裂/损伤	吊起因摩擦受力，导致部分与纸筒分离

从测试的情况来看，部分线圈垫块的垂直度、撑条间距偏差、线圈内径3个方面的指标不满足出厂控制标准。

3) 故障原因分析

综合故障录波、现场试验、内检及返厂解体情况分析，认为220kV该2号主变空载冲击合闸异常情况是因平衡绕组极性接反，在投运过程中平衡绕组受到故障电流冲击，造成了C相平衡绕组轻微变形、部分垫块移位及撑条损坏。

10. 110kV某主变中压变形短路

1) 故障情况说明

2018年6月24日17时38分16秒，110kV某变电站2号主变轻瓦斯、重瓦斯、差动、过流I段保护动作，跳开三侧开关。该变压器型号为SFSZ8-31500/110，出厂日期为1995年10月。

2) 故障检查情况

(1) 现场检查情况。检查该主变中压侧35kV某线389开关柜内未见有异物脱落，柜内支柱绝缘子表面覆盖有大量粉尘，但未见受潮、凝露痕迹，支柱绝缘子连接、安装紧固螺栓未有松动情况，如图2.62和图2.63所示。

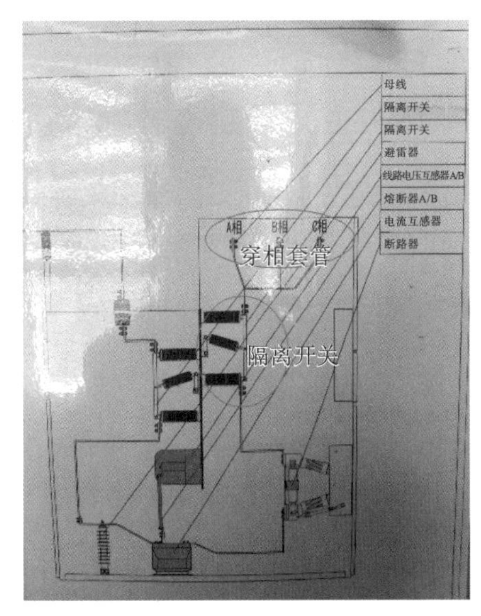

图2.62　35kV某线389开关柜布置情况

图 2.63　35kV 某线出线侧 3896 隔离开关 A、B 相放电情况

⑵试验检查情况。主变轻瓦斯、重瓦斯、差动、过流 I 段保护动作后，对 2 号主变开展了试验检查，结果显示：本体直流电阻无异常，中—高、中—低及中—地绝缘电阻为 0Ω，本体油色谱试验结果显示本体 C_2H_2 含量为 20μL/L（总烃为 100μL/L），判断为内部存在电弧放电；绕组变形结果显示中压、低压绕组有明显变形。

⑶解体检查情况。中压绕组 B 相有轻微辐向变形，A、C 两相绕组辐向变形严重，且 C 相中部匝间短路、主绝缘损坏，对应位置低压绕组匝绝缘破损，如图 2.64～图 2.66 所示。

图 2.64　中压绕组 A 相变形情况

图 2.65　中压绕组 C 相变形与主绝缘破损情况

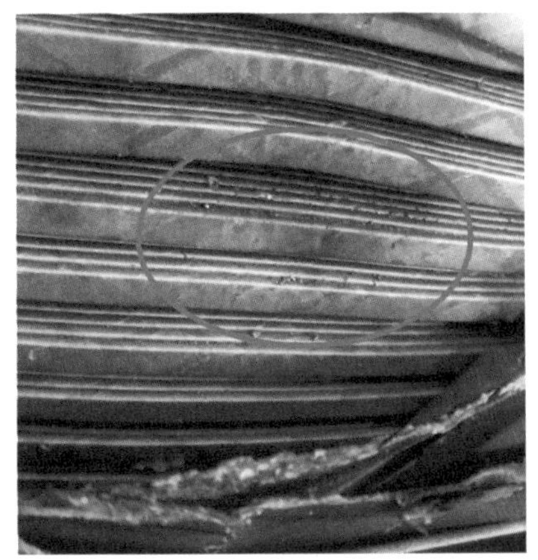

图 2.66　中压绕组 C 相匝间短路与低压绝缘降低情况

3) 故障原因分析

综合分析为：110kV 某变电站 35kV 某线路避雷器安装在 3896 隔离开关靠 389 断路器侧，当 389 开关柜处于冷备用时，对 3896 隔离开关雷电侵入保护失效，加上 35kV 该线路 389 断路器间隔柜内未加装隔板，3896 隔离开关故障产生的金属蒸汽及烟雾进一步扩大故障范围，引起 3893 隔离开关故障，最终导致 35kV Ⅲ段母线三相短路故障，近区短路形成的 7.8 倍短路电流(658ms)导致了主变内部故障。

2.1.4 防止变压器抗短路不足导致损坏的对策

(1)优化设计计算。从目前变压器行业的现状来看，对变压器短路计算方面仍然存在一定的不足，对于经验公式依赖程度较高，建议变压器行业进一步加强短路的基础性研究，掌握短路后变压器绕组的变化规律，优化计算方法，提高设计计算的准确性。

(2)加强工艺及原材料控制。厂家应加强对变压器制造过程中的工艺管控，严格控制恒压干燥、线圈高度差、套装精度及预紧力等，同时加强对相关原材料的检测，如硬纸筒、压板、撑条等材质的检测。

(3)加强运维工作。运行时可加装限流装置或改变运行方式来限制短路电流，防止短路电流大导致变压器损坏；限制保护时间，防止长期短路造成变压器损坏；做好同间隔设备的运维，防止变压器发生近区短路。

2.2 变压器线圈绝缘故障

线圈是变压器的核心组成部件，其绝缘性能的好与否直接决定了变压器的使用状况。因为线圈本身须承受高电压和大电流的严苛运行工况，所以发生缺陷或故障的风险比较高。近年来，电网企业的变压器因线圈的材质、工艺、受潮、毛刺及杂质等引起线圈绝缘故障的情况屡见不鲜，本节结合多起线圈绝缘的故障案例进行介绍。

2.2.1 变压器线圈绝缘故障的原因

造成变压器线圈故障的原因比较多，主要分为外部原因和内部原因两方面。

1. 外部原因

(1)雷击或操作冲击：主变线圈在雷击或操作冲击过电压时的电压呈现电容型分布，然而线圈的端部和分接开关连接的部位承受较高的过电压，运行时遭受雷击或出厂试验时开展操作冲击均容易发生线圈端部或分接开关连接处的绝缘击穿。

(2)进水受潮：变压器运行中，水分易通过运行中的负压区进入变压器内部，从而降低线圈的绝缘性能，触发绝缘击穿的故障。

2. 内部原因

(1)线圈质量：线圈绕制过程中工艺控制不到位，电磁线表面有刮痕和杂质，存在局部放电情况，随着运行时间的推移逐渐恶化，最后导致绝缘击穿故障。

(2)绝缘件质量：对于高电压等级的大型电力变压器套管引出线的部位电场比较集中，耐受电压比较高，通常采用成型绝缘件。然而成型绝缘件本身的质量在很大程度上决定了变压器内部的绝缘性能，尤其是雷电冲击和操作冲击过电压时耐受电压比较高。

(3)结构布置不当：因工艺操作失误，使得线圈结构布置不恰当，引起电场和电磁场的分布不均匀，在运行中存在局部放电隐患。

2.2.2　变压器线圈绝缘故障的诊断

1. 绝缘电阻测试

通过测试变压器绕组绝缘间及绕组对地的绝缘电阻可用于初步判断变压器绝缘性能的好与否，鉴别变压器绝缘的整体或局部是否受潮；检查绝缘表面是否脏污，有无放电或击穿痕迹所形成的贯通性局部缺陷；检查有无瓷管开裂、引线接地，器身内有铜线搭桥等所造成的半通性或金属性短路的故障。

2. 直流电阻测试

检查绕组内部导线和引线的焊接质量，并联支路连接是否正确，有无层间短路或内部断线；电压分接开关、引线与套管的接触是否良好等，测量直流电阻时应记录变压器上层油温。若线圈内部发生严重的匝间或饼间短路故障，则直阻测试数据通常会有异常现象。

3. 变比测试

检测变压器绕组间匝数比的关系是否满足要求，有无发生内部断线或层匝间短路故障。

4. 电容量及 tanδ 测试

主要用于检查变压器是否受潮、绝缘老化、油质劣化、绝缘上附着油泥及严重局部缺陷等，一般是测量绕组连同套管一起的电容量及 tanδ。若单纯测试套管电容量及 tanδ，仅能反映套管内部是否发生受潮或绝缘老化的情况。

5. 长时感应耐压及局部放电试验

该项试验为考核变压器线圈绝缘性能的重要绝缘试验之一，在长时间的耐压考核条件下检测变压器的局部放电性能，更容易发现线圈内部的缺陷。

2.2.3 变压器线圈绝缘故障的案例分析

1. 110kV 某变电站 2 号主变故障分析

1) 故障情况说明

2012 年 7 月 6 日 16 时 28 分 48 秒 747 毫秒，110kV 某变电站 2 号主变差动保护动作，跳开 110kV 权武线 172 断路器、2 号主变低压侧 002 断路器；之后 10kV 备自投动作，合上 012 断路器。故障设备型号为 SZ11-50000/110，出厂日期为 2010 年 12 月。

2) 故障检查情况

对 2 号主变进行了解体，解体情况如图 2.67 和图 2.68 所示。

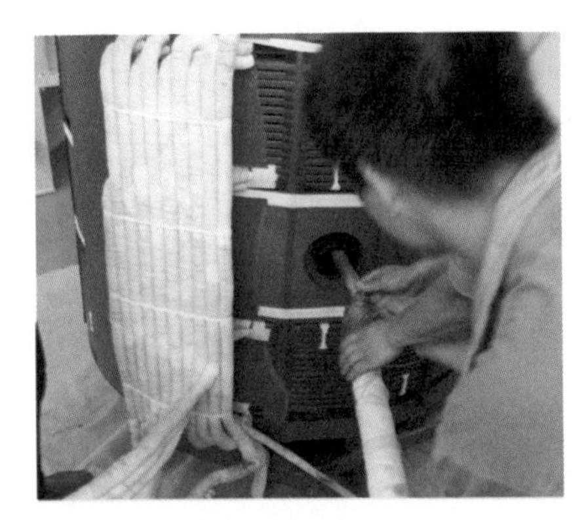
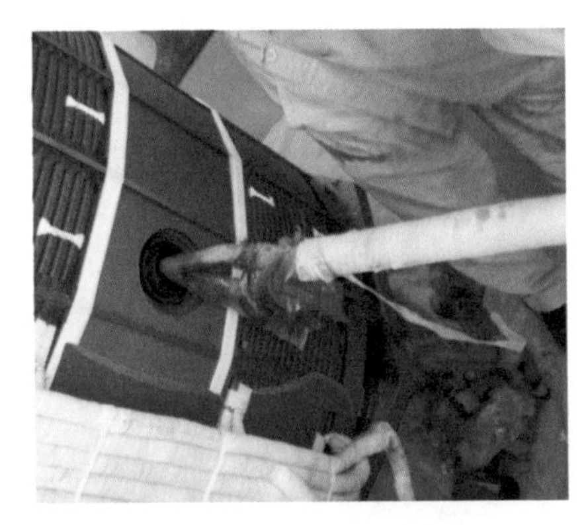

图 2.67 在解开高压首端出线根部绝缘时发现根部皱纹纸含水分

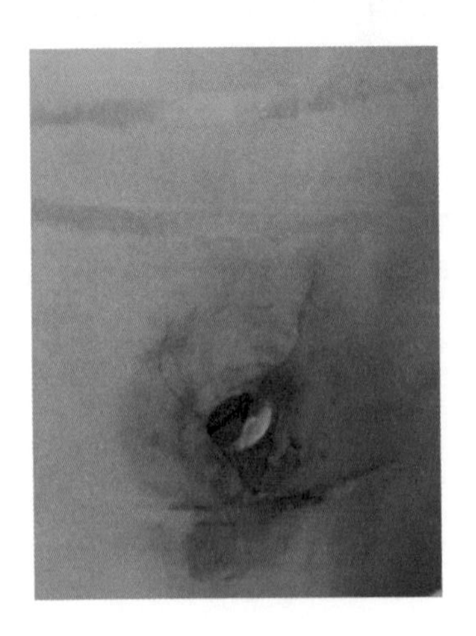

图 2.68　高压绕组损坏情况(C 相高压首端出线下部第 2、3 段有匝间短路)

3) 故障原因分析

对 2 号主变解体时发现高压 C 相绕组底部有碳黑，对 C 相解体后，发现高压绕组首端出线(即高压绕组中部出线)根部绝缘(皱纹纸)受潮，在 C 相高压绕组首端出线下方第 2、3 段有匝间短路，高压绕组围屏有放电烧蚀痕迹。C 相调压绕组和低压绕组未见异常。

结合解体情况，引起变压器差动动作跳闸的过程为：C 相高压绕组首端出线受潮，水分汇集于 C 相首端出线根部，并且水分逐渐渗入首端出线下部高压绕组第 2、3 段处，水分的存在使匝间绝缘破坏，造成匝间击穿，引起环流，产生的电弧使油流向四周喷出，因此在 C 相绕组出线周围、C 相底部压板等处出现碳黑痕迹。

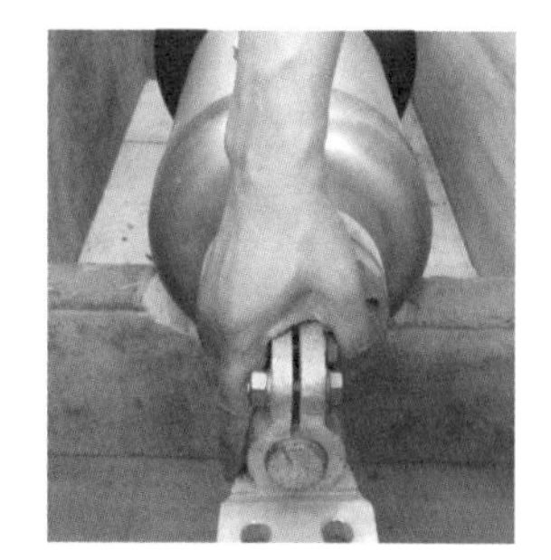

图 2.69　高压套管端部结构

怀疑在套管安装时，套管端部密封不好，在运行时引起水分沿密封垫的缝隙渗入。水分进入后沿导电杆与高压绕组出线往下渗透，最终汇集于高压绕组首端出线根部，引起匝间短路发生。因为该主变套管未与本体一起返厂，所以对套管的检查未能进行。图 2.69 所示为同型套管的结构示意图。

2. 某变电站2号主变事故B相故障分析

1) 故障情况说明

2011年1月4日14时56分，某电厂2号主变B相发生接地故障，主变B相重瓦斯、主变B相压力释放保护动作，故障持续时间为70ms，B相最大故障电流为18.43kA，故障引起2号主变B相壳体变形，压力释放阀动作大量喷油，低压侧避雷器烧毁。

2) 吊罩检查情况

在高压出线与分接引线间的高压线圈外围屏呈轴向撕裂状破损，如图2.70所示。

图2.70 高压线圈外围屏呈轴向撕裂状破损

高压线圈外围屏没有电弧灼伤，但是在高压出线端左侧第七、八轴向撑条处略有外凸状变形并伴有轻微的绝缘过热伤损；高压线圈整体呈细微的“腰鼓”状变形，如图2.71所示。

图2.71 高压线圈整体呈细微的“腰鼓”状变形

高压线圈的顶端第 1 段线匝脱离原位，线圈首端第一匝呈“Ω”状变形，如图 2.72 所示。

图 2.72　高压线圈首端第一匝呈“Ω”状变形

高压线圈内侧，自中部出线匝向上约有 9 个撑条挡内的线圈受到热灼伤，中部出线段内约 5 匝有股间短路及电弧灼伤痕迹，烧损情况如图 2.73 所示。

图 2.73　高压线圈内部线匝烧损

自高压线圈中部内圈取得的电磁线上出现电弧性灼伤；三组合导线(窄边)上存在“对应性”机械损伤；剥离绝缘的电磁线(宽边)上发现机械性损伤，如图 2.74 所示。

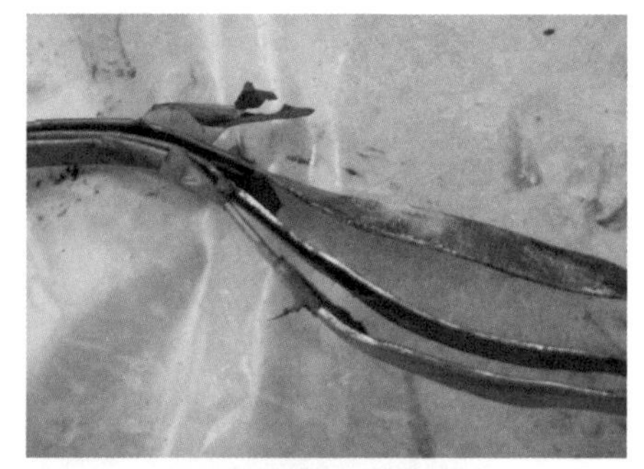

图 2.74　电磁线窄边和宽边机械性损伤

3) 故障原因分析及处理措施

从主变解体检查的情况来看，在该变压器的制造过程中，采用了有缺陷的电磁线，致使高压线圈 A 段的三组合导线上存在机械性损伤和毛刺。运行过程中，电磁线的绝缘因毛刺的存在，在机械应力作用下逐步受到破坏，首先造成线匝的股间短路，股间短路使电磁线过热，破坏匝间绝缘引起电弧，电弧迅速损坏变压器高低压之间的绝缘，导致高压对低压线圈绝缘击穿。

3. 110kV 某变电站 1 号主变雷击损坏分析

1) 故障情况说明

2012 年 8 月 4 日 19 时 43 分 2 秒 247 毫秒，雷击导致某变电站 35kV Ⅰ 回线 384 断路器瞬时电流速断保护跳闸，43 分 6 秒 297 毫秒 110kV 1 号主变比率差动动作，43 分 6 秒 360 毫秒 110kV 1 号主变本体重瓦斯动作，跳开 110kV 1 号主变三侧断路器。

2) 故障检查情况

(1) 现场检查情况。外观检查本体未发现喷油、漏油等异常情况，主变油位正常，本体瓦斯继电器有 350ml 左右存气，有载瓦斯继电器未动作，有载分接开关瓦斯继电器内无气体，分接开关档位指示正常。110kV 1 号主变三侧断路器、隔离开关、电流互感器、避雷器及其放电计数器、避雷器地网导通性检测均正常，110kV 、35kV、10kV 三侧母线及附属设备未发现异常。

(2) 试验情况。对变压器进行电气试验检测，发现中压绕组 Bm 相直流电阻异常(为 897.6×1000mΩ)，为 A、C 两相的 19097 倍，而 A、C 两相值与出厂值相差很小，中压对低压 K_{bc} 变比误差为 15.2%，远远大于正常水平，说明中压 Bm 相绕组可能存在断线或匝间短路等情况；绕组变形频响法试验参照《电力变压器绕组变形的频率响应分析法》(DL / T 911—2016)，中压有一定程度变形；油色谱试验中发现 1 号主变重瓦斯动作后出现 C_2H_2 成分，达到 229.51μL/L，总烃为 399.95μL/L，油色谱数据三比值编码为“1，0，2”，故障类型为“电弧放电”，说明绕组内部可能存在线圈匝间、层间短路等故障。

(3) 吊罩检查。吊罩后发现变压器器身上部有大量铜颗粒及碳化物，对变压器器身及三相线圈进行解体，先解体 B 相线圈，解体后发现中压 Bm 相线圈端部引线出头位置下部 8 饼线有烧熔，引线根部已烧断，各处有铜颗粒和碳化物，如图 2.75 所示。Bm 相中压线圈上部绝缘有发黑情况，如图 2.76 所示。高压线圈和调压线圈及低压线圈外观均未发现异常。对 A、C 两相绕组进行了解体，除 Am、Cm 两相绕组端部引线弯折处出现微量放电痕迹之外，绕组外观未见明显变形。

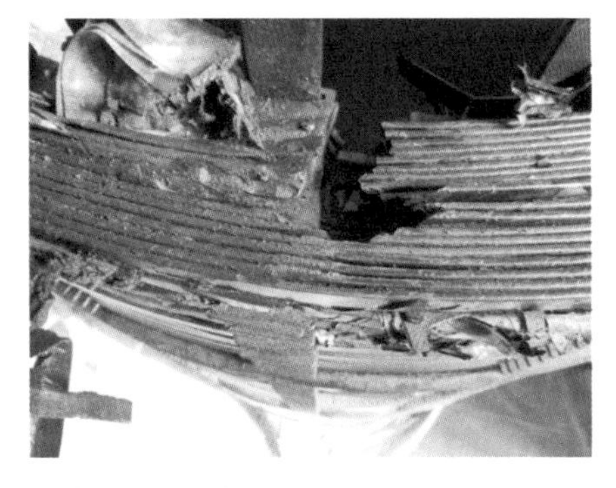

图 2.75　Bm 相中压侧线圈烧毁部位

(a)Bm相中压线圈外侧

(b)Bm相中压线圈内侧

图 2.76 Bm 相中压线圈上部绝缘发黑情况

3)故障原因分析

综合分析,雷电截波沿线路入侵引起变压器中压侧三相绕组端部引线绝缘均出现不同程度的损伤，导致主变差动和重瓦斯动作。

4. 750kV 某变电站 1 号主变故障分析

1)故障情况说明

2014 年 4 月 16 日 22 时 55 分，750kV 某变电站 1 号主变差动保护动作，三侧断路器跳闸，故障发生时站内没有任何操作。设备型号为 ODFPS-500000/750，投运日期为 2010 年 11 月 3 日。

2)故障检查情况

(1)现场检查及油样化验情况。现场检查主变间隔三侧所有一次设备外观均无异常，避雷器未发生动作；主变三相轻、重瓦斯均未动作且未见气体。对主变本体进行油色谱化验，发现 C 相数据异常，乙炔含量超标(77.52μL/L)，三比值为 102，判断为电弧放电，A、B 两相数据未见异常。直流电阻试验发现：高压绕组高一中侧直流电阻超标、中一低侧及低压绕组直流电阻未见异常。判断为高压绕组高一中侧回路有接触不良、断股或匝间短路的可能。

(2)局部定位试验检查情况。当试验电压加至 13%额定电压时，在高压套管出线装置部位发现超声信号，且随电压升高，信号增大，当电压加至 25%额定电压时，电源跳闸。试验电压加至 13%～25% 额定电压期间，将传感器探头分别贴在变压器器身其他部位(约 12 个测点，人体站立手臂高度)，均未发现放电信号，如图 2.77 和图 2.78 所示。

试验发现高压套管出线根部有超声信号，该部位可能存在缺陷；试验电压加至 25%额定电压时，电源跳闸，判断绕组匝间绝缘存在问题，施加一定电压后出现匝间短路击穿。

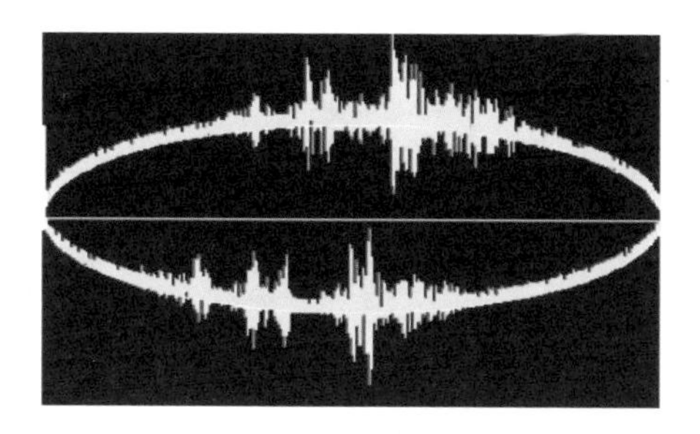

图 2.77　高压套管出线装置部位信号图

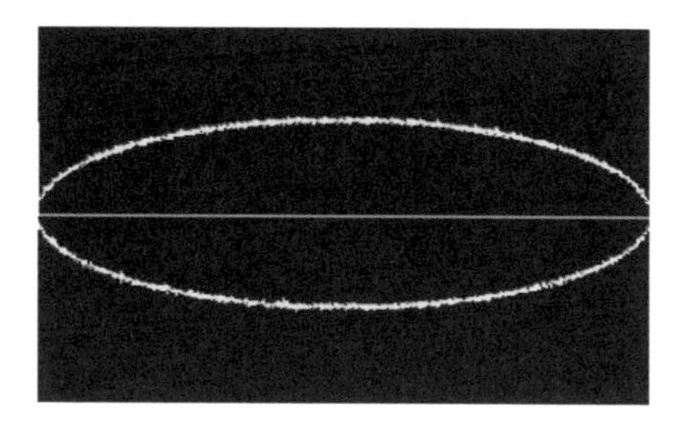

图 2.78　变压器器身其他部位信号图谱

(3) 吊芯检查。4 月 22 日晚，故障相运达新变厂房，23 日凌晨进行吊芯检查，根据试验检查情况，决定对 A 柱线圈外部围屏解体检查。首先发现 A 柱高压线圈中部出线最内侧成型件角环表面有碳黑痕迹，外围屏全部拆除结束，发现 A 柱高压线圈表面及紧贴高压线圈外径侧的绝缘纸板存在问题。

①高压线圈自中部出头正下方往下数第 17、18 段线圈外向内数第一匝电磁线相对应的部位存在部分烧蚀现象，与其对应的第二匝导线绝缘损坏，如图 2.79 所示。

图 2.79　高压线圈自中部出头第 17、18 段线圈故障情况

②高压线圈自中部出头正下方往下数第 9、10 段线圈外径侧向内数第一匝相邻部位有熔断现象，如图 2.80 所示。

图 2.80　高压线圈自中部出头第 9、10 段线圈故障情况

③与上述①处故障点对应的紧挨线圈表面的绝缘纸板围屏有烧穿现象，但未见任何放电痕迹；第二层纸板对应线圈侧存在碳黑痕迹但未烧穿，如图 2.81 所示；第二层纸板另一侧未见任何问题。

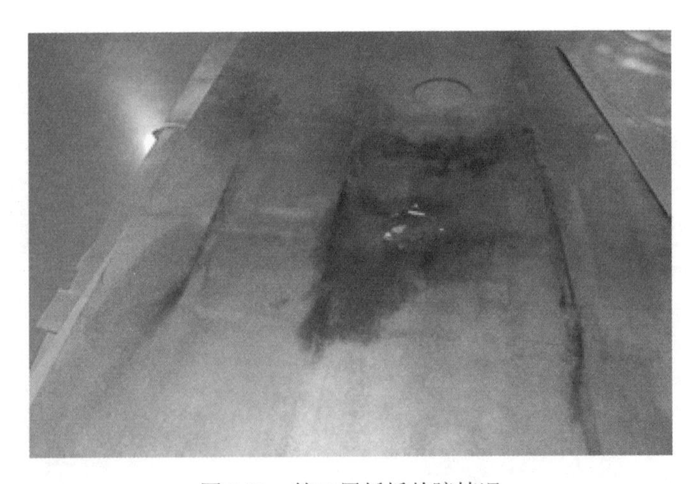

图 2.81　第二层纸板故障情况

(4) 器身脱油后检查情况。根据上述吊芯检查情况，故障范围仅限于 A 柱高压线圈，为不损伤其他部位，决定将主变芯体入炉脱油干燥后解体。4 月 26 日凌晨脱油结束，进行上铁芯拆除，未见任何问题。完成 A 柱组装线圈解体后，对 A 柱三层线圈进行全面检查，发现问题如下。

①面向高压线圈，自中部出头左数第 13、14 档，下数第 16 段最外匝导线绝缘有损坏痕迹，如图 2.82 所示。

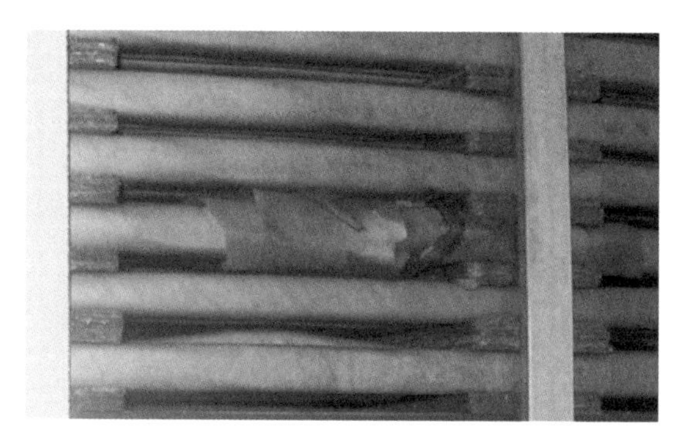

图 2.82　高压线圈中部出头第 13、14 档绝缘故障

②高压线圈中部下数第 18 段导线最外一匝整圈有明显的波浪变形并向内侧凹陷现象，内径侧导线有明显向外凹陷现象，如图 2.83 所示。

图 2.83　高压线圈中部下数第 18 段导线向内凹陷现象

3) 故障原因分析

由于线圈故障部位烧蚀严重，给故障原因分析带来干扰，因此结合设备运行负荷、前期试验检查、油色谱跟踪、故障及解体检查情况综合分析，可能由以下原因导致匝间短路。

(1) 线圈导线在电磁线拉线、包线过程中出现问题，如电磁线绝缘内存在异物或线材存在机械损伤等。由于缺陷不明显、损伤微小，因此在出厂及现场试验、运行监测中无法发现。但随着长期运行震动和局部放电导致缺陷放大，进而导致变压器损坏。

(2) 变压器本体内部存在杂质，如产品安装过程中有杂质掉落，或者是组部件不洁净带来杂质进入，在运行中通过油循环落在故障位置造成匝间击穿。

5. 500kV 某变电站高抗 C 相故障分析

1) 故障情况说明

于 2015 年 1 月 23 日 18 点 8 分进行第三次冲击合闸时，C 相高抗匝间保护动作、轻瓦斯报警。设备型号为 BKD2-30000/550，出厂日期为 2005 年。

2) 故障检查情况

(1) 现场检查情况。500kV 某变电站高抗离线油色谱数据如表 2.13 所示。其 C 相油色谱三比值编码为 202，故障类型为电弧放电。该高抗可能存在线圈内部电弧放电的故障。

表 2.13 500kV 某变电站高抗离线色谱数据 单位：μL/L

组分	A 相		B 相		C 相	
	投运前	投运后	投运前	投运后	投运前	投运后
H_2	73.1	0	63.4	0	146.0	67.37
CO	2.7	7.8	4.4	5.94	10.3	50.95
CO_2	129.0	154.6	166.0	162.44	324.4	184.39
CH_4	0.5	0.26	0.7	0.23	0.6	14.99
C_2H_6	0	0.60	1.2	0	0	1.05
C_2H_4	0	0	0	0	0	15.31
C_2H_2	0	0	0	0	0	58.8
总烃	0.5	0.86	1.9	0.23	0.6	90.15

(2) 吊罩检查。

①下节油箱底部放油阀口旁发现有少量杂质及三滴水珠，如图 2.84 所示。

图 2.84 放油阀存在杂质及水珠

②检查器身与油箱的相对位置，发现有少量位移，约为 10mm，偏移位置测量如图 2.85 所示。

图 2.85　器身位移检测

③拆除器身上部压板和第一层端绝缘无异常，拆除器身上部角环时发现中部出头逆时针方向第 4 档和第 5 档的器身内角环有碳黑现象。

产品线圈吊出后，中部出头逆时针方向第 5 档垫块内侧，由线圈内径侧至外的 10 匝线，线圈由上至下的第四饼和第五饼线间出现饼间击穿烧灼的故障，线圈灼烧痕迹如图 2.86 所示，可目视到烧熔的颗粒状铜珠，线圈的其余部位均无异常。

图 2.86　线圈灼烧痕迹

3) 故障原因分析及处理措施

电抗器故障点较为明显，故障点的情况与前期 C 相油色谱分析后的结果相吻合。故障现象为沿垫块边缘饼间导线较大面积的电弧放电，结合该产品的搬迁及投切情况，造成该故障的原因可能是线圈端部绝缘轻微受潮，在操作过电压的作用下出现了饼间导线击穿。

6. 500kV 某开关站 500kV 抽能高抗极性接反故障

1) 故障情况说明

2016 年 9 月 10 日 20 时 42 分进行 500kV 某变电站投产，在进行 500kV 某变电站 500kV 某甲线 5651 断路器对 500kV 该甲线线路及两侧高抗进行第一次冲击时，500kV 甲线高抗非电量保护主电抗器 B 相重瓦斯动作出口。设备型号为 BKDF-CN-60000/550-110，出厂日期为 2016 年 7 月。

2) 故障检查情况

(1) 录波情况。第一次合闸操作时保护录波对比。高抗一次侧电流及抽能侧电流、一次侧电压及抽能侧电压波形分别如图 2.87 和图 2.88 所示。一次侧电压电流波形正常，均为正序(ABC)，抽能侧电压电流为负序(ACB)，抽能侧 A、C 两相电流反向，B 相无电流。

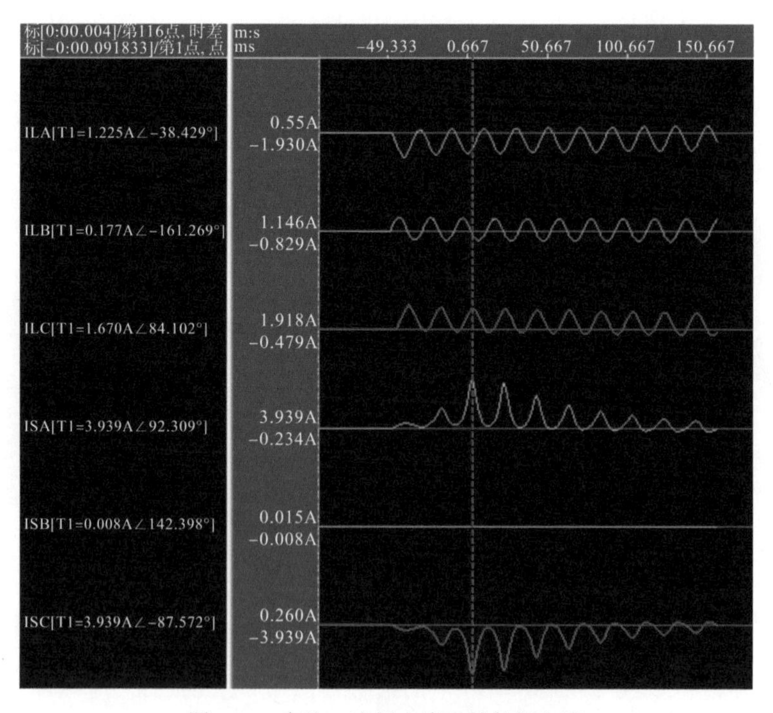

图 2.87 高抗一次侧电流及抽能侧电流

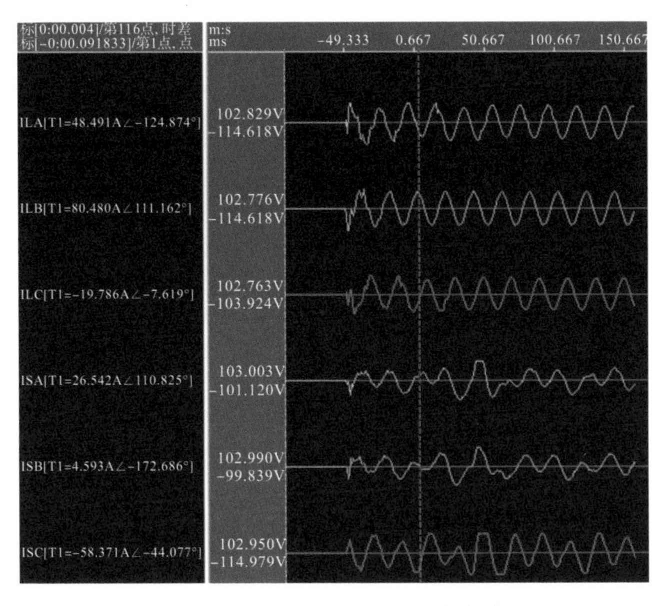

图 2.88　高抗一次侧电压及抽能侧电压

(2)现场检查情况。经现场检查，500kV 某甲线高抗 A、B、C 三相油箱侧面均出现两处明显过热灼烧痕迹，如图 2.89～图 2.91 所示，其他未见异常。

图 2.89　A 相油箱(左侧和右侧)

图 2.90　B 相油箱(左侧和右侧)

图 2.91　C 相油箱(左侧和右侧)

(3) 试验检查情况。

①抽能绕组直流电阻及绝缘检测。

500kV 某甲线抽能绕组直流电阻测量结果如表 2.14 所示，测量结果显示 B 相抽能绕组断线。

表 2.14　500kV 某甲线抽能绕组直流电阻测量　单位：mΩ

R_{ax}	R_{by}	R_{cz}
90.03	∞	95.32

②油色谱分析。油色谱分析测试值如表 2.15 所示，试验时间为 2016 年 9 月 11 日。

表 2.15　油色谱分析测试值　单位：μL/L

	部位	H_2	CO	CO_2	CH_4	C_2H_6	C_2H_4	C_2H_2	总烃
仁铜甲线高抗A相	上	12.49	45.89	321.1	23.89	4.5	28.13	0.83	57.35
	中	18.11	52.98	332.13	30.62	5.07	31.54	0.9	68.13
	下	19.53	50.63	337.36	32.5	5.26	37.01	1.25	76.02
仁铜甲线高抗B相	上	22.15	55.65	303.57	38.73	8.08	79.32	30.49	156.62
	中	52.76	65.15	300.82	67.74	9.94	104.3	47.79	229.77
	下	51.71	63.04	293.44	56.92	9.32	92.17	42.22	200.63
	瓦斯气体	53341.63	31624.01	4433.73	12925.58	169.51	2749.48	4867.75	20712.32
仁铜甲线高抗C相	上	31.6	43.98	265.41	37.31	2.91	25.03	1.72	66.97
	中	21.19	50.4	305.17	33.37	3.38	27.72	3.96	68.43
	下	15.77	51.33	317.23	24.2	3.11	23.05	1.6	51.96

③高抗变比及极性检查。

检查结果表明 A 相极性错误。

将 B 相抽空油，打开检修手孔后进入检查，发现抽能绕组首端(b)及尾端(y)引出线均已烧断，在绕组旁边散落铜珠；抽能绕组侧面与油箱灼烧位置未见放电痕迹。

(4)内部检查情况。B 相抽能绕组首尾引线均烧断，如图 2.92 所示，同时绕组旁散落铜珠，侧面及油箱上未见放电痕迹，如图 2.93 所示。

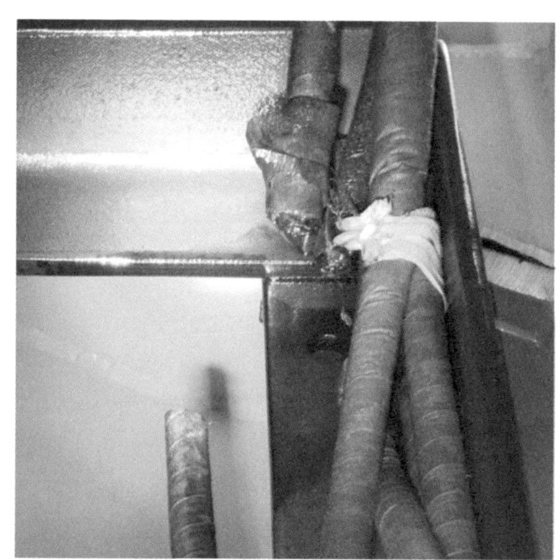

图 2.92　B 相抽能绕组首尾引线均烧断

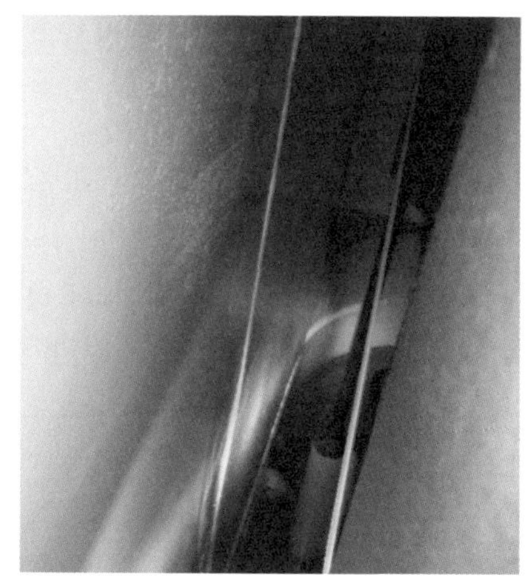

图 2.93　B 相抽能绕组旁散落铜珠，侧面及油箱上未见放电痕迹

3）故障原因分析

通过对保护录波、设备外观检查及试验结果初步判断，高抗A相极性反接，引起高抗三角形的抽能绕组内部产生环流。一方面，环流引起过热，烧坏抽能绕组引线绝缘，致使抽能绕组首尾端引线击穿放电，电弧引起的高温烧断引线，同时电弧使得绝缘油裂解，导致重瓦斯动作跳闸；另一方面，过流引起的漏磁使得油箱局部过热，高温灼烧油箱。

7. 220kV某变电站1号主变设计裕度不足导致局放超标

1）故障情况说明

2017年8月28日起，某变电站进行出厂试验。29日下午，在对试品进行ACSD试验过程中，当试验电压施加到接近100%时，产品内部伴有轻微的放电声且局放超标。设备型号为SFSZ11-H-150000/220。

2）故障检查情况

（1）厂内试验情况。2017年8月28日下午，某变电站绝缘强度试验及试验过程中出现的异常情况如下。

A相雷电冲击全波波形如图2.94所示。在进行高压A相线端雷电冲击试验时，100%雷电全波比50%雷电全波作用小，示伤电流上叠加有高频震荡，但电流数值及波形无明显变化。为了排除试品接地、接线等外部影响因素，经过反复调整，其示伤电流上叠加的高频震荡幅值及频率有所降低，但没有完全消失，当电压降至80%时，高频震荡消失。在进行高压B、C两相及其余中、低压等雷电冲击试验时均未发现异常。

在对高压绕组线端及其中性点、中压绕组线端及其中性点、低压绕组、平衡绕组进行外施耐压试验时，产品未出现异常现象。

在进行C相带局部放电测量的短时感应耐压试验过程中，当高压及中压线端施加到标准和技术协议要求的电压数值（高压线路端子：395kV，中压线路端子：200kV，下同）时。通过套管末屏进行检测，中压侧局部放电量约为3000pC，高压侧约为1000pC。当施加电压降至$1.5U_m/\sqrt{3}$时，中压侧约为1300pC，高压侧约为350pC。

在进行B相带局部放电测量的短时感应耐压试验过程中，当高压及中压线端施加到标准和技术协议要求的电压数值时，B相变压器内部发出轻微的“啪啪”放电声，高压侧局部放电量约为10000pC。当施加电压降至$1.5U_m/\sqrt{3}$时，内部发出“吡吡”的细微放电声，高压侧局部放电量略低于10000pC，中压侧更大一些。

在进行 A 相带局部放电测量的短时感应耐压试验时，由于 A 相在雷电冲击时已有放电迹象，为了不让故障范围进一步扩大，因此 A 相试验电压仅施加到 $1.5U_m/\sqrt{3}$，其高压侧局部放电量已接近 10000pC，中压侧也偏大。

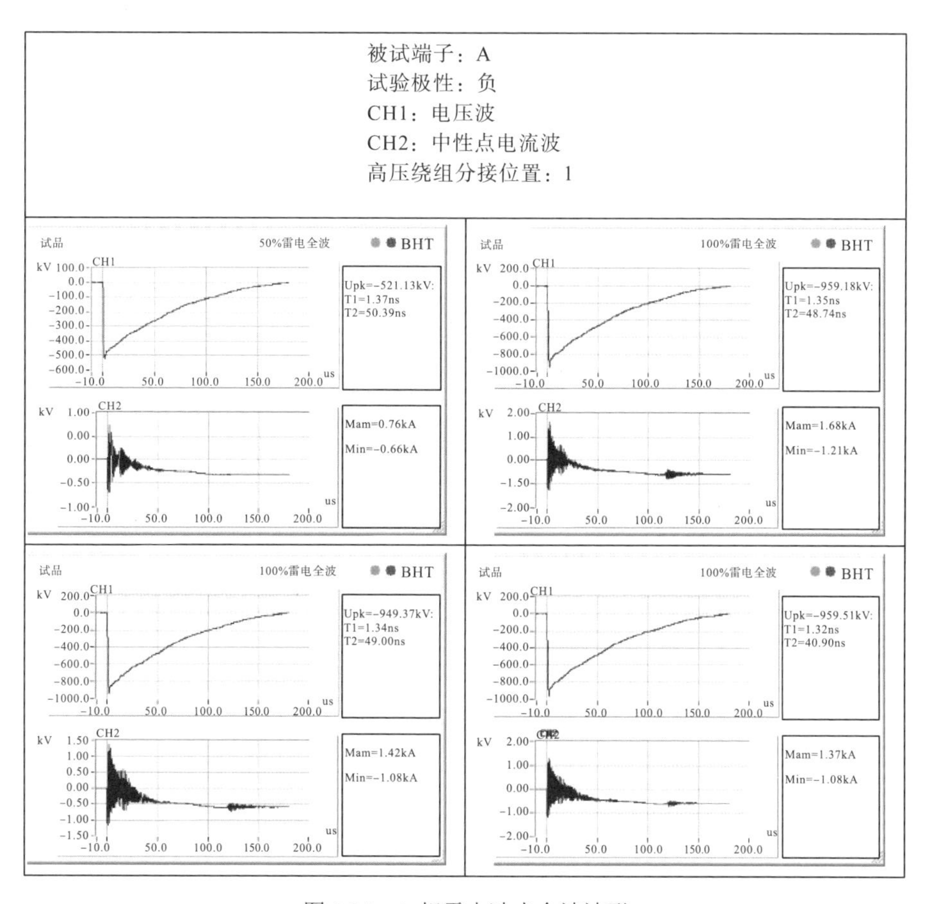

图 2.94　A 相雷电冲击全波波形

(2) 试品油色谱分析。高电压试验前、后油样分析结果分别如表 2.16 和表 2.17 所示，基于产品绝缘强度试验现象及变压器油色谱分析结果，可以基本断定，试品内部已发生放电现象。

表 2.16　高电压试验前油样分析结果　单位：μL/L

部位	CH_4	C_2H_4	C_2H_6	C_2H_2	H_2	CO	CO_2	总烃
A 相	1.294	0	0	0	5.127	3.748	36.358	1.294
B 相	1.404	0	0	0	6.527	2.250	45.236	1.404
C 相	0.894	0	0	0	3.127	2.033	55.358	0.894

表 2.17 高电压试验后油样分析结果 单位：μL/L

部位	CH_4	C_2H_4	C_2H_6	C_2H_2	H_2	CO	CO_2	总烃
A 相	1.416	0.824	0	3.653	11.212	7.51	56.762	5.893
B 相	2.112	1.523	0.42	6.551	18.352	9.55	57.531	10.616
C 相	1.064	0	0	0	7.956	5.709	128.047	1.064

(3)变压器检查情况。

①放油并进箱检查。

B 相：8 月 30 日上午，将箱体内的变压器油排净后，安排两名经验丰富的技术人员通过 B 相入孔进入箱体内，基于超声波定位的坐标尺寸，对其位置及其周边范围进行仔细检查，发现在 B 相高压调压线圈到低压调压线圈之间有明显放电痕迹，并且在调压绕组与高压绕组之间，如图 2.95 所示。

图 2.95 B 相局部击穿放电

A 相：排油、拆附件、吊罩等工艺流程同 B 相。吊罩后检查发现，在低压侧下半部低压调压线圈上端有明显的向上树枝状闪络放电痕迹，如图 2.96 所示。

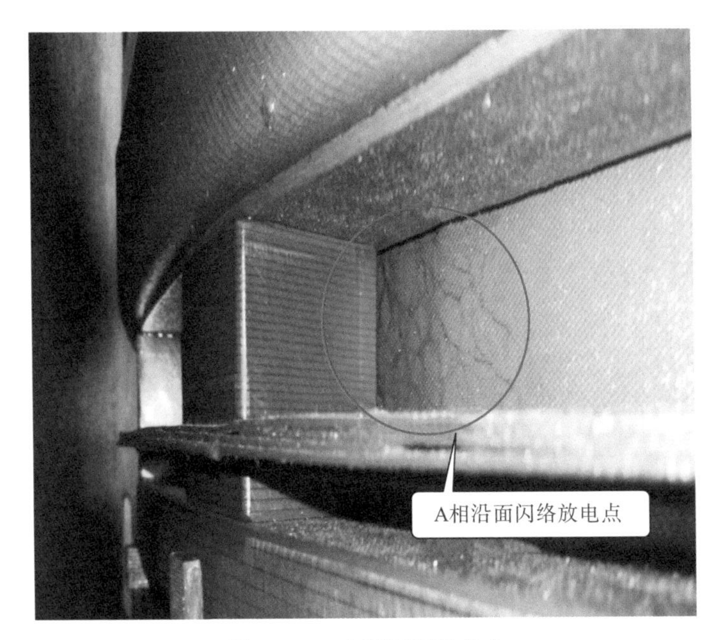

图 2.96　A 相沿面闪络放电

②器身解体检查。拆解 B 相：检查发现 B 相低压调压线圈首端沿撑条纸板对高压调压线圈第二饼导线有明显的放电痕迹；低压调压线圈首饼导线有局部熔化现象；在放电部位的绝缘纸筒外表面有明显的炭化现象，如图 2.97 所示；在低压调压线圈至高压首端出线方向有较为明显的树枝状爬电痕迹，如图 2.98 所示。

图 2.97　B 相绝缘纸筒外表面的炭化现象

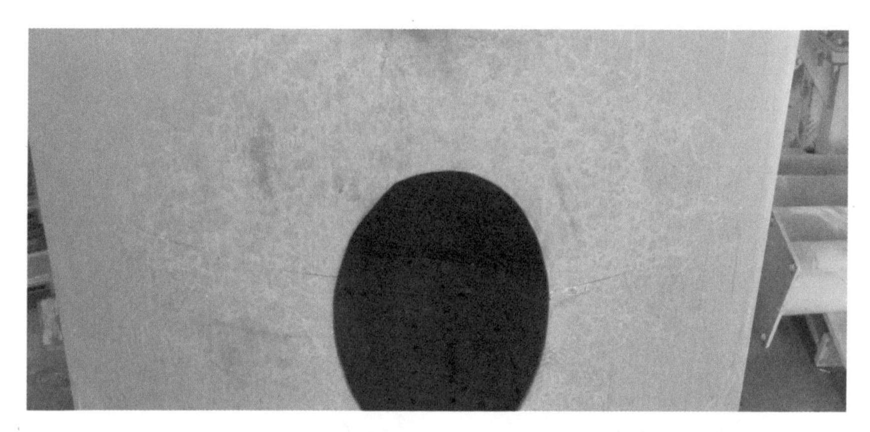

图 2.98 B 相调压线圈首端出线方向的树枝状爬电痕迹

拆解 A 相：检查发现，A 相调压线圈硬纸筒外表面，在低压调压线圈至高压线圈首端出线之间，调压线圈第一饼处向高压线圈首端方向有明显的树枝状爬电痕迹，如图 2.99 所示。

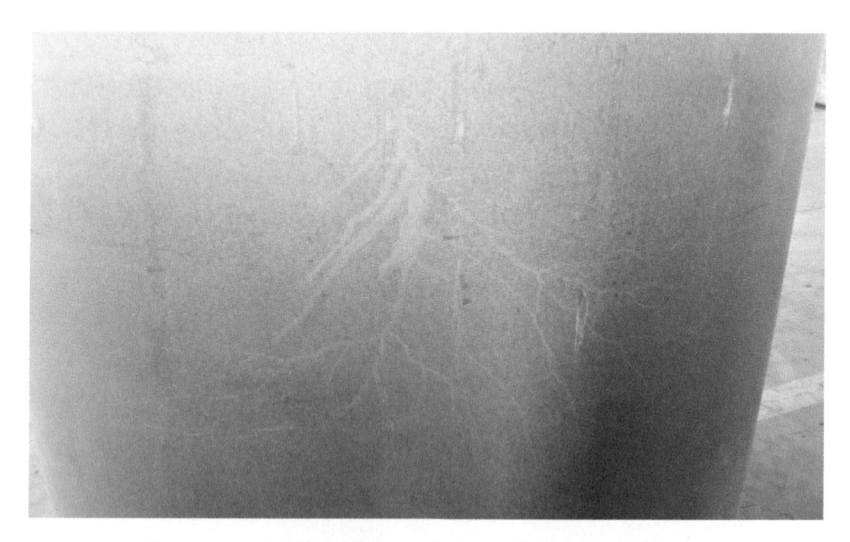

图 2.99 A 相调压线圈硬纸筒外表面的树枝状爬电痕迹

3) 故障原因分析

爬电场强分析。由于低压调压线圈内径侧的端部饼处的电力线弯曲严重，即曲率半径较小，需对该处油纸交界面上的爬电场强进行分析。结果显示其最小爬电场强数值低于许用值，安全系数为 0.99，如图 2.100 所示。通过试验、解体及仿真验证分析，认为该主变调压线圈结构设计不合理，导致低压调压首饼内径处场强过大，进而造成该变压器局放超标。

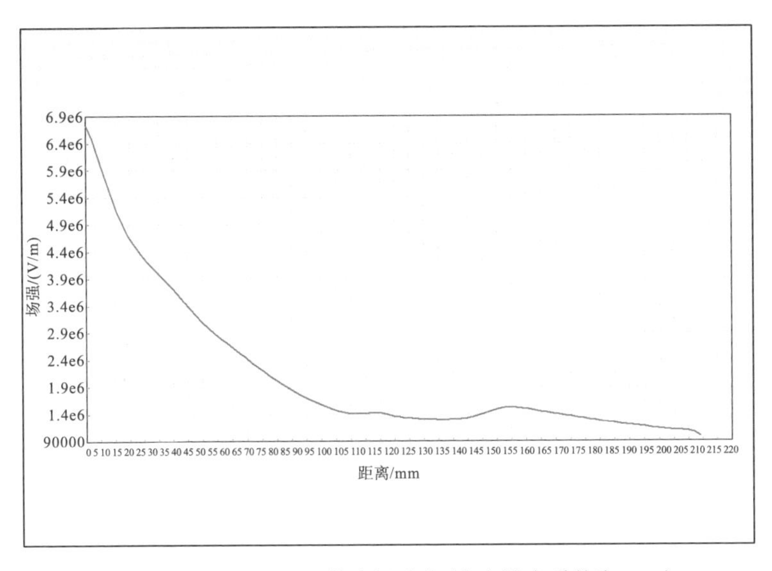

图 2.100　爬电路径上的电场分布(安全裕度系数为 0.99)

8. 某变电站 220kV 主变受潮绝缘击穿故障

1) 故障情况说明

220kV 某变电站二期工程项目主变压器 6 月 23 日在现场局放试验过程中，B 相电压升至 1.2 倍左右时变压器内部出现绝缘击穿现象。

2) 故障检查情况

现场检查情况如下。

首先，经入孔进行检查，发现 B 相调压引线和分接引线表面绝缘有老化损伤痕迹，如图 2.101 所示。

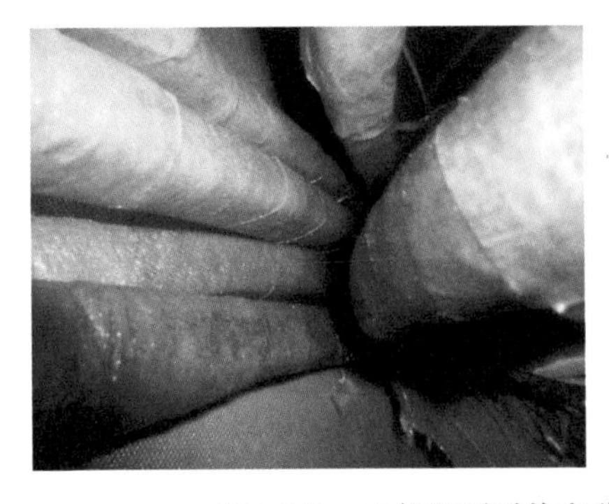 

图 2.101　B 相调压引线和分接引线表面绝缘有老化损伤痕迹

其次，该变压器抽真空时，由于真空表损坏，未能准确实现真空度，厂家技术人员、建设单位人员未进行相应处理，即默认真空度满足要求并持续48小时后注油并热油循环后测试发现B相夹件绝缘电阻为零，内检发现变压器B相中低压侧底部铁芯绝缘纸板有受潮现象，如图2.102所示。

图2.102　绝缘纸板受潮

3）故障原因分析

根据上述情况，从中低压侧底部铁芯绝缘纸板有受潮情况来看，绝缘件上已存在明显的浸水痕迹，中、低压侧底部铁芯绝缘纸板已存在严重受潮现象。其原因为：由于真空表损坏，无法确认真空度是否达到要求，有可能在真空度达不到要求的情况下就开始后续的真空度保持、注油和热油循环工作，同时真空注油后发现主变低压侧升高座有渗油现象，侧面表明真空保持期间真空度未保持住，存在大量潮气进入变压器内部的可能，这与真空保持期间天气下雨，空气湿度大相对应。

9. 换流变成型绝缘件击穿故障分析

1）故障情况说明

2014年12月27日14时，某变压器有限公司换流变（YY型）在进行阀侧外施操作冲击试验时，第一次100%试验电压下换流变内部击穿。换流变型号为ZZDFPZ-296900/500。

2）故障检查情况

(1）现场检查情况。发现阀侧2.1引线第一层与第二层角环中间有放电痕迹，如图 2.103 所示。引线第二层角环绝缘垫块爬电痕迹如图 2.104 所示。

图 2.103　阀侧 2.1 引线第一层与第二层角环中间的放电痕迹

图 2.104　引线第二层角环绝缘垫块爬电痕迹

通过对阀侧 2.1 引线的解体，发现引线第一层角环内部放电烧蚀严重，第一层与第二层之间的绝缘垫块上有多处爬电痕迹，放电路径顺着第二层角环延伸至阀侧线圈内部，如图 2.105 所示。

图 2.105 第一层角环放电烧蚀最严重部位

(2)解体阀侧线圈。阀侧线圈出线角环解体前外观如图 2.106 所示。拆除最外层角环，如图 2.107 所示，发现静电环上有明显的 3 个放电点。

图 2.106 阀侧线圈出线角环解体前外观

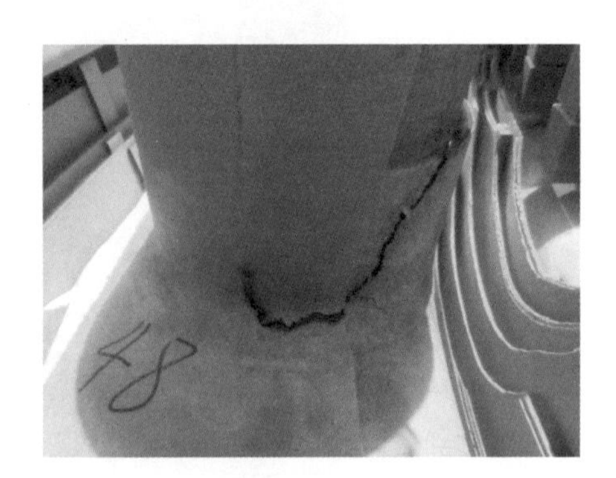

图 2.107 拆除最外层角环

3)故障原因分析

从解体情况来看，首先可以明确故障的放电路径为两个方向：一侧是沿着引线角环击穿→铁芯压装绝缘垫块→铁芯上夹件；另一侧是引线角环击穿→阀侧线圈静电环处(3 个明显放电点)。综合分析，故障起源点应在阀侧 2.1 引线第一层角环的内部，沿着上部的铁芯上夹件与下部的阀侧线圈静电环两个路径放电。

10. 某换流变空载切换故障分析

1) 故障情况说明

某换流变在出厂试验时进行空载状态下的开关切换试验时出现异常，试验电源过流保护动作，空载切换试验停止。经过重新复试电压比测量、直流电阻测量、绝缘电阻和绕组电容及介损试验、空载损耗和空载电流测量，试验数据与之前的数据相吻合，没有明显变化。但是在油化试验时，数据异常，主体油色谱分析数据如表 2.18 所示。

表 2.18　主体油色谱分析数据　单位：μL/L

试验日期	CH_4	C_2H_6	C_2H_4	C_2H_2	H_2	CO	CO_2
2015 年 9 月 15 日(空载开关切换试验后静放)	1.128	0	1.075	2.262	3.836	2.450	146.727

2) 解体检查情况

(1) 柱 I 网线圈外围屏、上下角环拆除检查。拆柱 I 网线圈外围屏、上下角环，除了出线角环有熏黑烧伤痕迹，其余未见异常，详细情况如图 2.108 所示。

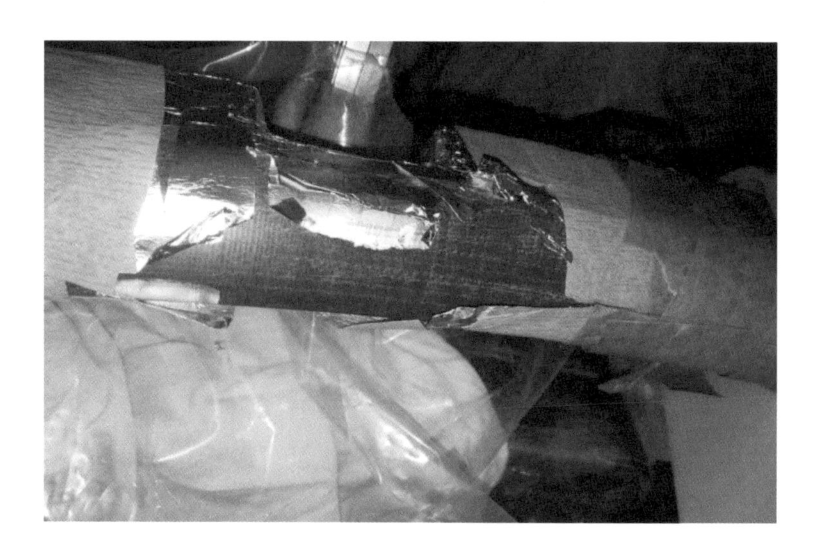

图 2.108　网线圈出线角环内外侧

(2)柱 I 网线圈检查。拆柱 I 网线圈，发现靠上部出线侧静电板内侧存在一个烧伤点，拨开静电屏绝缘检查内部骨架无异常。检查线圈内外表面及上、下部出线部位，均未见异常，如图 2.109 和图 2.110 所示。

图 2.109　柱 I 网线圈

图 2.110　网线圈静电屏绝缘内部骨架

(3)柱 I 调压线圈检查。拆柱 I 调压上部封油端圈和最内层围屏，调压线圈其中两根导线绝缘破损露铜并存在毛刺，有放电烧蚀痕迹，调压分接线与静电板相连的等位线断裂，且周围导线被熏黑，存在炭化物，如图 2.111 和图 2.112 所示。

图 2.111　调压线圈

图 2.112　调压上部封油端圈

3) 故障原因分析

综合试验现象及解体情况分析，确认柱 I 调压线圈发生故障是本次事故的起因，调压线圈故障产生的气体和炭化物污染到调压上部端圈、紧靠调压线圈的围屏等。

11. 某 500kV 主变匝间短路故障

1) 故障情况说明

2013 年 6 月 25 日 21 时 53 分，500kV 某变电站在执行 1B 号主变复电操作过程中，合上 1B 号主变 500kV 侧 5021 开关对变压器充电时，充电不成功，5021 开关跳开。现场检查 1B 号主变 C 相 220kV 套管瓷片脱落在油箱及事故油池上，瓦斯继电器有喷油现象，主变本体有开裂痕迹，在加强筋处出现多处裂口。

2) 故障检查情况

(1) 现场检查情况。故障后检修人员对主变本体和套管进行了详细的检查，检查发现瓦斯继电器观察窗内玻璃破碎，为主要喷油口；中压侧套管瓷瓶破裂，瓷片脱落在油箱及事故油池上，如图 2.113 所示；低压套管及中性点套管有少量裂痕；套管末屏接触良好，未见放电痕迹；主变本体变形，油箱鼓胀，在加强筋处出现多处裂口，如图 2.114 所示。

图 2.113　套管破裂

图 2.114　主变本体变形

(2) 故障录波情况。变压器投入时刻录波图如图 2.115 所示，变压器投入时刻 C 相恰好处于电压过零点，此时电压变化率最大，将可能造成铁芯饱和及极大的励磁涌流，过大的电流可能造成绕组变形、绕组与套管的连接引线松动等。根据录波数据发现，铁芯未发生深度饱和，约 5 个周波即恢复，而励磁涌流高达 2658A，是额定电流的 3.2 倍。

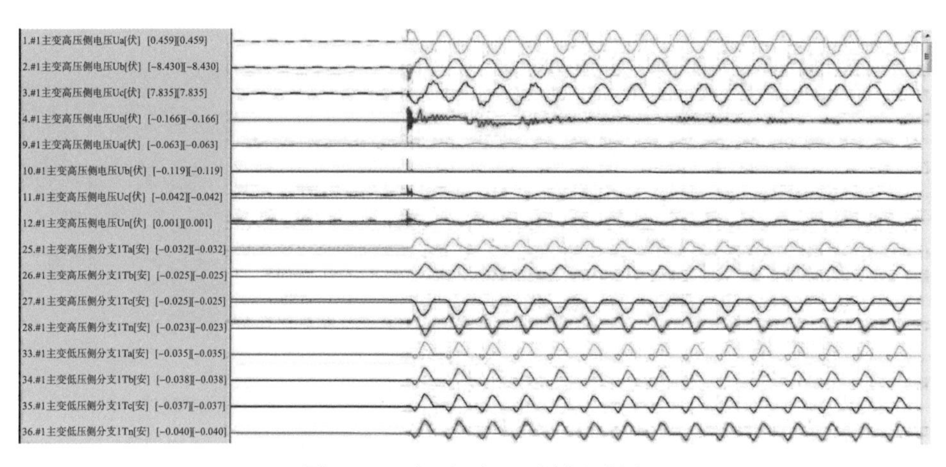

图 2.115 变压器投入时刻录波图

(3)试验情况。故障发生后，对受损变压器进行了试验，由于 220kV 套管受损接地,因此仅进行了绕组直流电阻测试及变比测试,具体数据如表 2.19 和表 2.20 所示。

表 2.19 1 号主变 C 相绕组连同套管直流电阻 单位：mΩ

绕组	高压绕组	中压绕组	低压绕组
测试值 26℃	257.3	75.32	9.572
测试值折算到 75℃	306.8	89.80	11.42
出厂值折算到 75℃	195.6	91.77	10.84

表 2.20 1 号主变 C 相变比

	高—中压	高—低压	中—低压
设计值	2.283	8.42	3.688
测试值	3.25	17.62	5.425

由试验数据可知，高压侧线圈严重故障，可能发生了断股或部分绕组断裂，同时部分绕组匝间短路。而中、低压绕组可能未发生导线损坏，但绝缘可能损坏。与故障录波基本一致，可以认为故障的破坏主要集中在调压绕组、分接开关、中压出线、高压绕组(串联绕组)及高压出线之间。

(4)变压器内部检查情况。

①中性点下方的调压引线对油箱壁发生放电，有多处放电点，如图 2.116 所示。

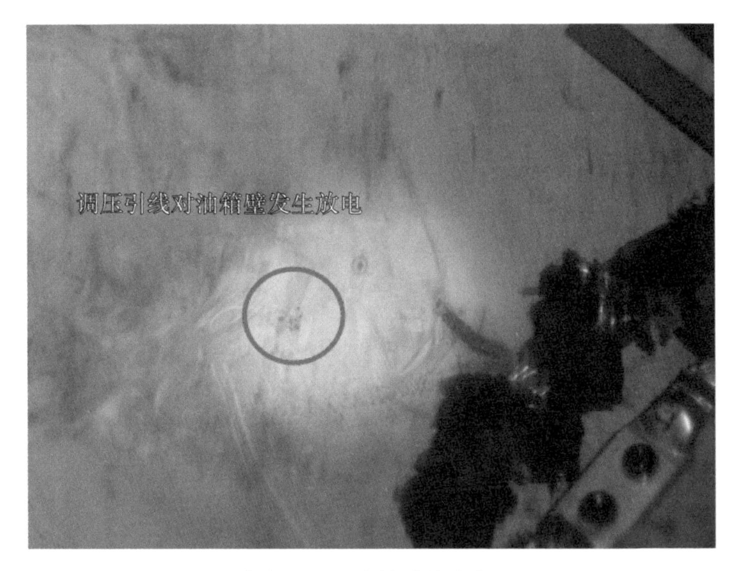

图 2.116　油箱壁放电点

②外层围屏破损，串联绕组铜线裸露，如图 2.117 所示。

图 2.117　外层围屏

③无载分接开关接头烧熔，如图 2.118 所示。

图 2.118　无载分接开关接头烧熔

3) 故障原因分析

根据上述分析，判断变压器调压绕组存在突发匝间短路。主变高压侧充电过程中，绕组发生匝间绝缘击穿，并逐步发展，导致分接引线对油箱壁接地短路，同时高温电弧分解变压器油产生了强大压力，导致箱体变形、套管受损和分接引线夹持架垮塌。

12. 某主变低压故障分析

1) 故障情况说明

2011 年 10 月 11 日，某水电站 4 号主变 B 相油色谱异常，总烃超出警戒值。

2) 故障检查情况

(1) 现场检查情况。10 月 15 日进箱检查时发现低压出头与引线撬接处有发黄痕迹，低压出头包扎绝缘皱纹纸异常，剥离表层发现绝缘皱纹纸炭化，随深层次剥离发现绝缘炭化明显加重。

(2) 解体检查情况。

①4 号主变 B 相整体外观及其返厂附件无异常，均无发热、放电痕迹；铁芯、夹件、油箱的绝缘电阻无异常；其接地装置处引线打开无发热、放电痕迹。

②油箱吊罩检查发现上端低压引线绝缘有炭化发黑，低压引线的冷压接头外表面及其连接处局部铜排有变色现象，其余铜排、铜排与低压引线部件均完全正常；冷压接头撬接紧固良好，无松动。在打开冷压接头后，冷压接头与铜排接触面之间颜色正常，无过热现象。引线支架完好，紧固良好，上端低压引线及出头分别如图 2.119 和图 2.120 所示。

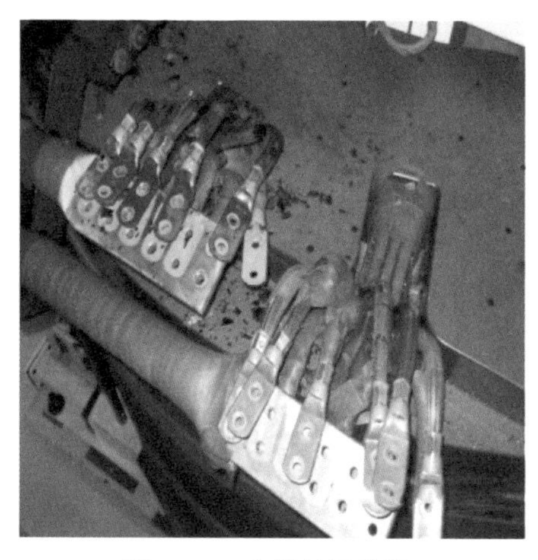

图2.119 上端低压引线

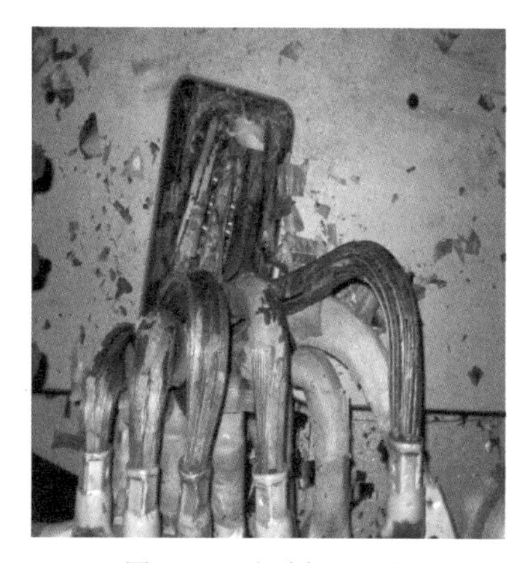

图2.120 上端低压出头

③下端低压引线及出头如图 2.121 所示。下端低压引线绝缘无炭化发黑，低压引线的冷压接头与铜排表面均无变色现象；冷压接头螺栓撬接紧固良好，无松动。铁芯片级间、高压引线、开关、器身、油箱内壁纸板、磁屏蔽均完全正常。弹簧压钉压紧良好，压板、压圈无移位，围屏表面无过热、发黑痕迹。

(a)下端低压引线

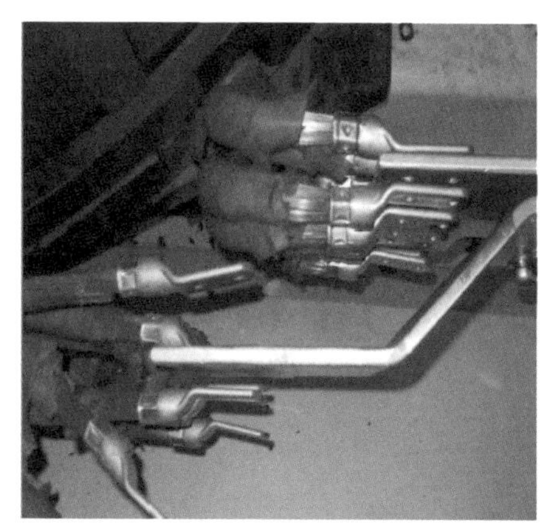

(b)下端低压出头

图2.121 下端低压引线及出头

④脱油处理完毕后对引线进行了拆解，经检查器身外观整洁，绝缘件无损坏、异常，仅低压线圈上端出头处有发黑、发热、破损(破损是多次检查所致)痕迹。进一步移除副压板后，发现低压出头导线有 3 根炭化严重，其余导线绝缘完好，破损位置如图 2.122 所示。

图 2.122 破损位置

⑤拆除铁轭，对器身解体检查。解体检查过程中，同时对线圈的外观、内外撑条、线圈纸筒、垫块、绑扎均进行了仔细的检查，没有发现异常；在拆除压圈后，发现低压线圈上端第 1 组导线序号 4、序号 19 导线与第 2 组导线序号 18 导线间绝缘破损，序号 19 导线绝缘炭化、铜线材料损坏，序号 4、序号 18 导线绝缘炭化，其他导线在检查中发现的绝缘变色均是受这 3 根导线影响所致。低压线圈俯视示意图如图 2.123 所示。

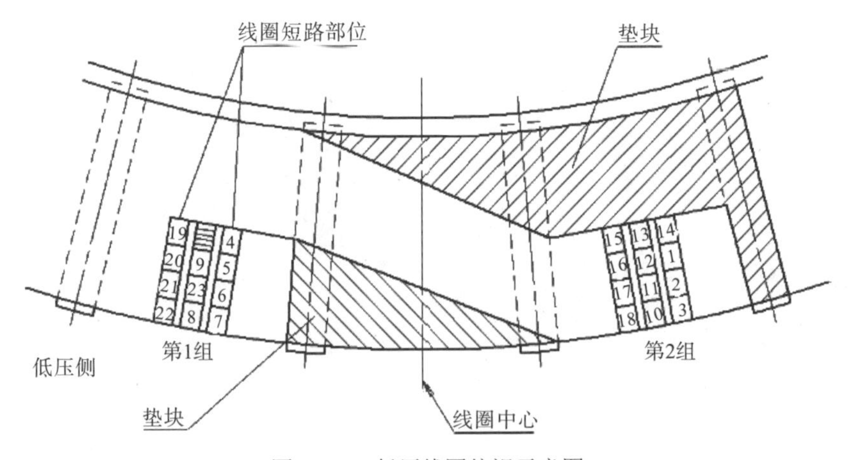

图 2.123 低压线圈俯视示意图

⑥为进一步查看低压出头损伤情况，将 3 个线圈进行解体分离，由外向内逐层拆解。经检查，高压 I 线圈、高压 II 线圈、低压线圈线饼排列整齐，绑扎完好，表面及线圈绝缘件均完好。线圈分离后，又对低压线圈内外进行了仔细的检查，线圈其余部位完好，无绝缘破损、炭化、发热、放电痕迹，仅在低压线圈上端出头部位有发黑、发热、破损痕迹，如图 2.124 所示。

图 2.124　低压线圈上端出头部位

3) 故障原因分析

根据油色谱数据、现场进箱检查情况及厂内解体检查情况可知，故障原因为：低压线圈上端部引出线处一组导线的两根与另一组导线的一根导线间绝缘损坏形成短路，而两根导线已在铜排处连接，从而形成短路环，在端部漏磁作用下产生较大的环流，造成导线温度过高引发导线绝缘炭化，同时致使附近变压器油过热劣化，产生甲烷、乙烯、二氧化碳、一氧化碳、氢气及少量炔气体，这与变压器取油样后所做的油色谱分析基本一致。

引起低压线圈端部引出线处两根导线间绝缘损坏而造成短路的原因为：低压线圈导线根数多，要分为两组引出，该产品的操作者由于经验不足，垫块配置不服帖，为了使出头处 3 个线饼弯折时导线排布紧密，操作者沿辐向对线饼进行了敲击，而导致两组出头结合部的相邻两根导线绝缘受损，未及时发现和处理，因此造成短路。

13. 某主变累积损坏事故分析

1) 故障情况说明

2011 年 9 月 15 日夜晚某地区出现大风雷雨天气，4 时 56 分，110kV 某变电站发生 35kV 某线路 342 线路跳闸及 110kV 1 号主变跳闸故障。设备型号为 SFSZ8-31500/110，投运日期为 1999 年 1 月 1 日。

2) 故障检查情况

(1) 现场检查情况。35kV 该线路找到 A、C 两相有放电击穿痕迹，如图 2.125 和图 2.126 所示。

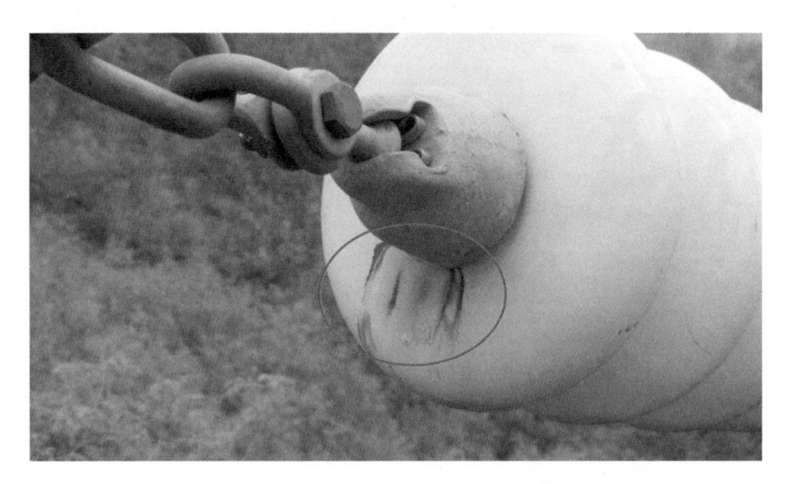

图 2.125　35kV 线路 A 相放电点

图 2.126　35kV 线路 C 相放电点

事故后查看避雷器放电计数器动作情况发现主变 35kV 侧及 35kV 段III母线避雷器 A、B 两相均发生动作，A 相动作 4 次，B 相动作 3 次。

(2) 试验情况。跳闸事故发生后该局修试所高压班技术人员取主变油色谱分析发现，氢气为 1032.01μL/L，乙炔为 438.84μL/L，总烃为 975.98μL/L，说明变压器内部存在高能量放电故障。为了进一步判断变压器内部故障及损伤情况，进行了常规电气试验检查及变压器绕组变形频响法测试，试验结果显示无异常。

(3)解体检查情况。A、B 两相绕组上端部及中、低压侧 C 相绕组外观无异常，A、B 两相绕组上端部如图 2.127 所示。Cm 相绕组及 C 相绕组分别如图 2.128 和图 2.129 所示。图 2.130 所示为 Bm 相分接开关引线对支架(地)放电击穿部位。

图 2.127　A、B 两相绕组上端部

图 2.128　Cm 相绕组

图 2.129　C 相绕组

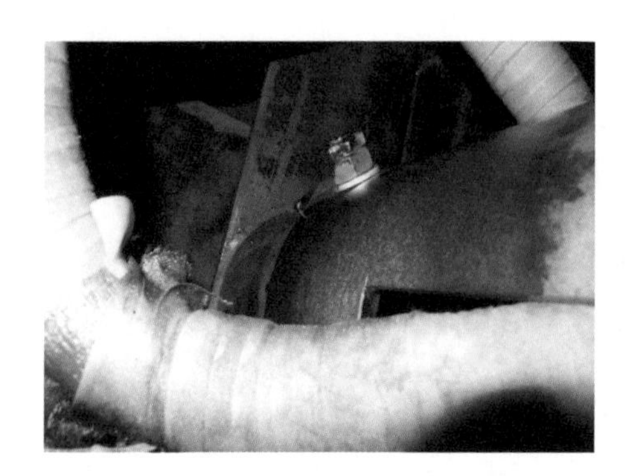

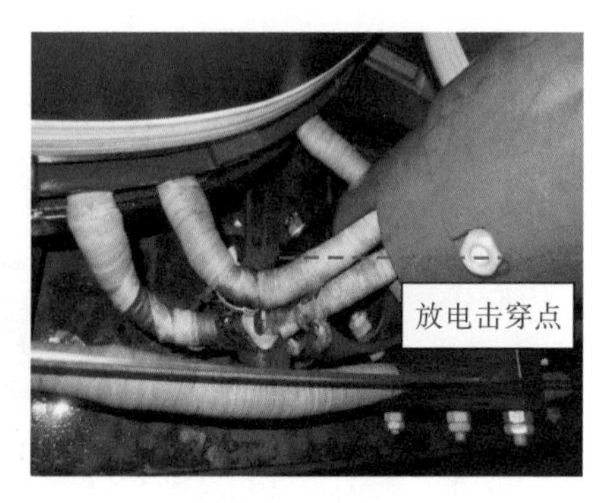

图 2.130 Bm 相分接开关引线对支架(地)放电击穿部位

3)故障原因分析

根据故障装置录波情况、变压器事故后开展的常规电气试验，以及绕组变形频响法测试结果、低电压短路阻抗法测试结果与现场吊罩解体检查结果，可知以下两种原因。

(1)35kV 某线路 A、C 两相遭受雷击后雷电波入侵导致中压侧 Bm 相分接开关引线绝缘薄弱点(击穿点)对分接开关支架(地)击穿。

(2)中压侧 Bm 相分接开关引线对固定分接开关的底座(地)放电击穿使绝缘油裂解出大量烃类气体造成主变重瓦斯动作。

2.2.4 防止变压器线圈绝缘故障的对策

(1)加强工艺及原材料控制。厂家应加强对变压器制造过程中的工艺管控，严格控制线圈绕制前的电磁线检测、绕制过程中的结构布置及接头处的线圈绝缘包裹等，同时加强对相关原材料的检测，如成型绝缘件、硬纸筒、撑条等材质的检测。

(2)加强运维工作。采用预试定检工作要求的“应试必试，试必试全”的运维策略，结合日常的停电消缺工作对发现异常的数据及时进行复测和检查，必要时开展吊罩或解体检查。日常巡视需重点关注红外测温、油位检查、端子箱受潮、铁芯夹件接地电流测试及各类在线监测设备的运行工况检查。

(3)优化绝缘设计。对于雷电及操作冲击过电压发生绝缘击穿故障的变压器，应针对故障特征进行冲击电压波过程计算的优化，提升大修后的绝缘性能，避免类似故障再次发生。

(4)注重交接验收。对于低压绕组为三角形接线的变压器或抽能电抗器，应开展绕组的极性检查试验，确保极性连接正确。

2.3　套管故障

套管的作用是把变压器内部的高、低、中压与中性点引线引到油箱之外，实现与外部网络连接，作为载流元件的同时还能够把引线固定，套管也是变压器最重要的附件之一。因此，套管必须满足电气强度、机械强度和热稳定强度的三重要求。另外，变压器套管还要有良好的密封性能，根据不同的要求套管可以采用不同的结构形式。套管的事故占变压器事故的比例并不是很大，但随着变压器本体制造工艺日趋成熟，越来越能满足电网需求，套管的事故率呈逐年增多趋势。套管的故障和异常虽然有时不会引起事故，但故障和缺陷不及时消除就会引起十分严重的后果，所以加强对套管的维护、监控、管理是非常必要的，及早发现套管问题、消除套管缺陷对变压器的正常运行非常重要。

2.3.1　套管故障的原因

套管故障和缺陷对设备运行有很大的威胁和风险，常见的套管故障有以下几种。

1. 结构设计不合理

有的套管在结构设计上并不合理，不能承受运行时电、力、热三重考验。例如，套管绝缘设计裕度偏小，长期运行后，绝缘相对薄弱的部位劣化较快，产生局放，逐渐发展至内部击穿，造成爆炸。又如，主变套管，由于引线与引线头焊接采用锡焊，套管导压管为铝管，导线头为铜制，防雨相为铝制，因此这种铜铝连接造成接触电阻增大，使连接处容易发热烧结，导致发生事故。

2. 工艺控制不足

电容式套管顶部密封不良，可能导致进水使绝缘击穿，下部密封不良使套管渗油，导致油面下降。套管局部渗漏油，套管进水造成轻度受潮，绝缘油不合格。电容屏绕制过程中卷入异物会导致异物处电场畸变，产生局放，逐渐发展造成内部击穿。

3. 运行维护不规范

套管表面清洁不到位，表面脏污吸收水分后，会使绝缘电阻降低，其后果是容易发生闪络，造成跳闸。同时，闪络也会损坏套管表面。脏污吸收水分后，导电性提高，不仅引起表面闪络，还可能因泄漏电流增加，使绝缘套管发热并造成瓷质损坏，甚至击穿。套管油标管脏污，看不清油位，在每年预试取油样后形成亏油。检修人员经验不足，螺栓紧固力不够会导致套管密封失效。末屏试验后恢复不紧，使套管束屏产生悬浮电位，发生局部放电。

2.3.2 套管故障的诊断

(1)主绝缘及电容型套管末屏对地绝缘电阻。
(2)主绝缘及电容型套管对地末屏 tanδ 与电容量。
(3)油中溶解气体色谱分析。
(4)油中水分。
(5)局部放电测量。

2.3.3 套管故障的案例分析

1. 某主变高压套管内漏

1)故障情况说明

故障过程描述如下。

500kV 某 2 号、3 号主变于 2015 年 9 月投运，2016 年 5 月发现 500kV 2 号主变压器本体油位指示偏低，同时 2 号主变高压 B、C 相，以及 3 号主变高压 B 相套管油位偏低。缺陷设备型号为 OSFPS-JT-750000/500，投产日期为 2015 年。该主变高压套管的型号为 BRDLW-500/1250-4，生产日期为 2013 年，该套管为穿缆式套管，其主要结构如图 2.131 所示。

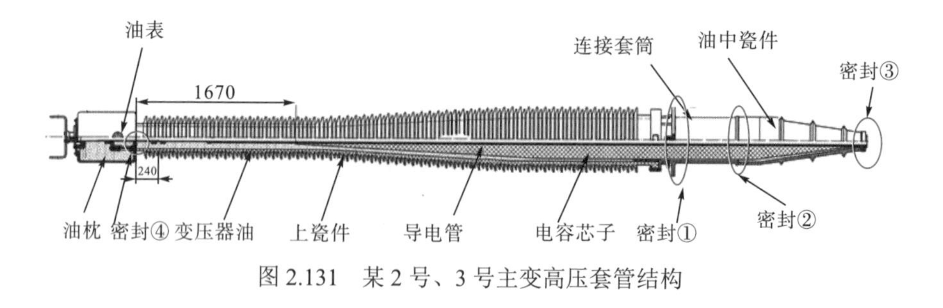

图 2.131 某 2 号、3 号主变高压套管结构

2)故障检查情况

(1)现场检查情况。经检查，500kV 某变电站 2 号、3 号主变高压套管油位下降，由图 2.162 可知，2 号、3 号主变高压套管内部的油室由上瓷件、连接套筒、油中瓷件及中部导电杆组成。可以导致 2 号、3 号主变高压套管油渗漏涉及

的密封部位包括：①上瓷件和连接套筒之间；②连接套筒和油中瓷件之间；③油中瓷件和导杆连接之间。此外，该套管导杆采用对接结构，因此导杆对接部位仍存在渗漏的可能。

从现场检查情况来看，某变电站 2 号、3 号主变高压套管外部未发现渗漏油情况，可以排除密封①发生渗漏的可能，因此，可能渗漏部位主要有密封②、③、④3 个部位。

(2) 解体检查情况。

对 2 号主变 C 相套管进行解体检查，具体情况如下。

①整体密封检查试验。套管放油后在套管内部充 0.3MPa 氮气，维持 30min 密封试验，套管头部导管中间有连续气泡逸出，整体密封检查试验如图 2.132 所示。

图 2.132　整体密封检查试验情况

②导杆密封检查。套管解体后，对导电管内部充氮气，当压力为 0.2MPa 时，导管连接部位靠近尾部端有气泡逸出，导杆密封检查如图 2.133 所示。

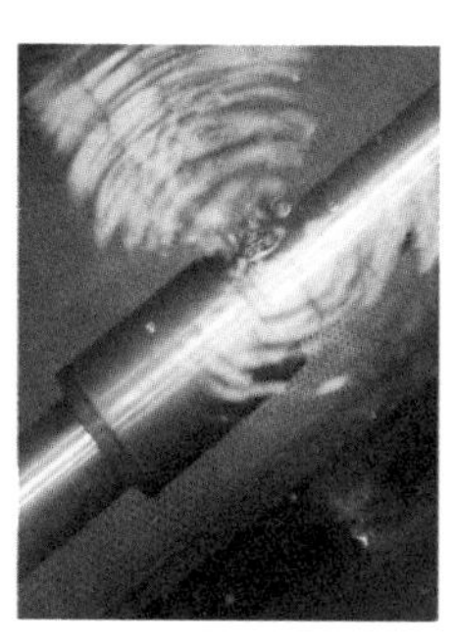

图 2.133　导杆密封检查情况

③力矩检查。对导电管密封压板与连接套处螺钉进行力矩检验，如图 2.134 所示，发现连接套两侧螺钉均未达到 20N•m 的力矩要求。

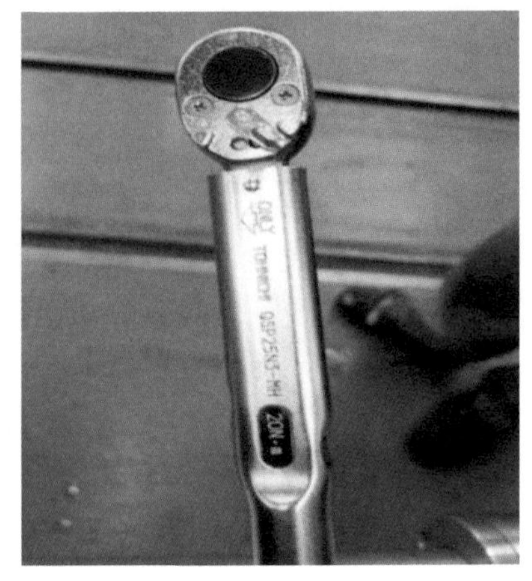

图 2.134 力矩检验

④导杆连接部位公差检查。对导电管进行解体，连接部位公差检查情况如图 2.135 所示，零件尺寸均符合图样要求。

图 2.135 导杆连接部位公差检查情况

3) 故障原因分析

从 2 号主变 C 相和 3 号主变 C 相解体后的力矩对比检测来看，2 号主变 C 相套管连接处的螺钉力矩未达到 20N•m 的工艺要求，引起导电管连接处密封圈失效，最终导致套管发生内漏。

2. 某主变套管故障

1) 故障情况说明

2015 年 3 月 21 日 21 时 59 分，220kV 某变电站 1 号主变差动保护动作，1 号主变 201、101、301 开关跳闸，110kV 1 号母线失压，35kV Ⅰ段母线失压。22 时 13 分，1 号主变本体轻瓦斯动作、本体重瓦斯动作。该主变为 2006 年的产品，型号为 SFSZ10-180000/220。

2) 故障检查情况

(1) 现场检查情况。经现场检查，1 号主变整体严重损毁，如图 2.136 所示，有明显着火痕迹，三侧套管均损坏，储油柜(图 2.137)和片式散热器变形，低压侧母线铝排熔断(图 2.138)，本体油箱及储油柜内剩有少量绝缘油，本体内部情况如图 2.139 所示。变压器二次线及高、中压侧母线桥引线、低压侧母线桥烧断，高压侧中性点刀闸、避雷器烧毁，主变上部架构钢梁变形，主控室楼梯上有多个炸裂的套管碎块。

图 2.136　变压器整体情况

图 2.137　储油柜情况

图 2.138　低压侧母线情况

图 2.139　本体内部情况

高压侧 A 相套管如图 2.140 所示，仅剩约 1m 长的铝质穿缆管和高压引线，电容芯子基本烧掉(只余根部)，法兰盘部分熔化，高压引线距法兰盘约 1.5m 处有多股铜线被烧断，烧断线头呈铜瘤状，明显为电弧烧断，如图 2.140 和图 2.141 所示。高压 B 相和中性点套管已无瓷套，如图 2.142 所示，电容芯子较完整但明显被火烧过；高压 C 相瓷套破损开裂，如图 2.143 所示。

图 2.140 高压侧 A 相套管

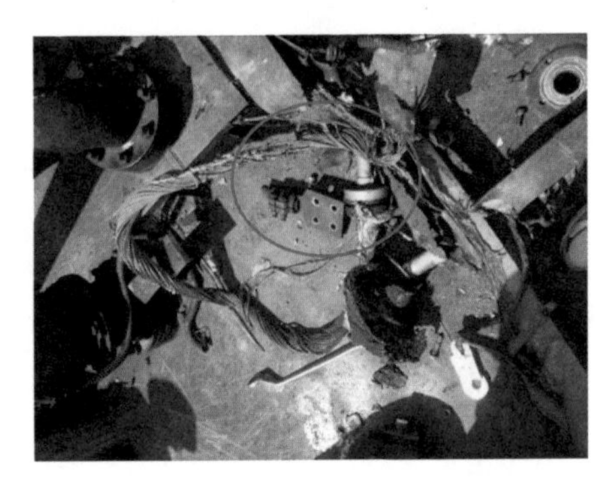

图 2.141 高压 A 相引线(剪断部分)

图 2.142 高压 B 相和中性点套管

图 2.143 高压 C 相瓷套

中压侧 B 相套管破损严重，但中压引线无烧断痕迹，根据现场情况，应为起火后上方悬式绝缘子脱落并下拉引线导致，A、C 两相及中性点套管瓷套炸裂，电容芯子不同程度烧损。低压侧三相套管瓷套全部脱落，导电杆裸露。

(2)解体检查情况。主变于 3 月 24 日返厂进行吊罩检查，绕组及有载分接开关整体结构完好，绕组及引线、铁芯、箱体均附着较多碳黑，主变箱体内部磁屏蔽因高温变形，油箱底部散落大量炭化的绝缘纸片，引出线附近的绝缘件有明显烘烤痕迹；对拆除下来的套管进行检查，发现高压 A 相套管末屏附近剩余的电容屏内有直径约 0.5cm 大小的玻璃颗粒，且刺穿部分电容屏。

3)故障原因分析

根据现场检查、故障录波和返厂检查情况分析，故障起始放电点在高压 A 相套管距法兰盘约 1.5m 处(多股铜线被电弧烧断)，对应电容屏部位存在绝缘薄弱环节，本次故障原因为：制造过程中质量控制不严，在电容屏绕制过程中卷入异物，同时该主变套管绝缘设计裕度偏小，长期运行后，绝缘相对薄弱的部位劣化较快，产生局放，逐渐发展至内部击穿，造成爆炸。

3. 某主变套管绝缘击穿故障

1) 故障情况说明

2013 年 1 月 5 日 13 时 16 分，500kV 某变电站值班员在主控楼听到设备场地有爆炸声，同时监控系统发出 1 号主变差动保护动作，主变三侧断路器跳闸。随即运行人员发现 1 号主变处有剧烈浓烟及火苗。500kV 某变电站 1 号主变是 2001 年的产品，每相变压器容量为 250MVA。

2) 现场检查情况

(1) 故障前的气象情况。故障发生当日为阴天，某变电站所在区域 2km 范围内无雷电活动，1 号主变 C 相着火时的场景如图 2.144 所示。

图 2.144　1 号主变 C 相着火时的场景

(2) 变压器烧损后检查情况。某 1 号主变 C 相故障后，主变的高、中压侧及中性点侧套管均被烧炸裂。破碎的瓷套碎片散落一地。但从瓷套碎片的散落情况来看，500kV 侧套管散落的瓷套碎片都有被烧过的痕迹，而且都落在套管的正下方，明显是被高温烧炸后脱落的，如图 2.145 所示；而 220kV 侧套管的碎片则分散较远，而且有的瓷套碎片并没有烧灼的痕迹，如图 2.146 所示。

图 2.145 500kV 侧套管下散落的瓷套碎片

图 2.146 220kV 侧套管旁边草坪上散落的瓷套碎片

另外，在主变泄油池中还发现了 220kV 侧套管 TA 的二次接线盒盖板，该盖板的固定耳被外力强行拉断，但该盖板没有被烧灼的痕迹。在离变压器近 20m 的草坪上还发现 220kV 侧套管 TA 的环氧树脂板被炸裂的残片及上面的固定螺丝，如图 2.147 和图 2.148 所示。这说明在故障发生时，主变 220kV 侧升高座内部由于电弧短路，因此在变压器油中产生大量的气体，产生巨大压力，将变压器套管及 TA 二次接线盒盖等炸开，高温的变压器油碰到外部的氧气后立刻发生燃烧。

图 2.147　被炸飞的套管 TA 二次接线盒盖板残片

图 2.148　被炸飞的套管 TA 环氧树脂板残片及上面的固定螺丝

最能反映故障发生时变压器内巨大压力的是 220kV 套管上的一个检查孔盖板。该盖板是一块钢板，周边有 16 颗螺丝。结果该钢板在故障发生时就被变压器内部压力冲变形并歪在一边。其固定螺丝很多被拉断或螺纹被拉平，如图 2.149 和图 2.150 所示。

图 2.149 变形的钢盖板

图 2.150 拉断的固定螺丝

(3) 套管返厂解体检查情况。为了进一步分析原因，对该主变中压套管进行了返厂解体检查。检查发现套管油枕压板密封件上有 45mm 长、最宽处 3mm 的裂纹，如图 2.151 所示，导致水气进入使绝缘水平降低，发生放电，放电点①～③如图 2.152～图 2.154 所示。

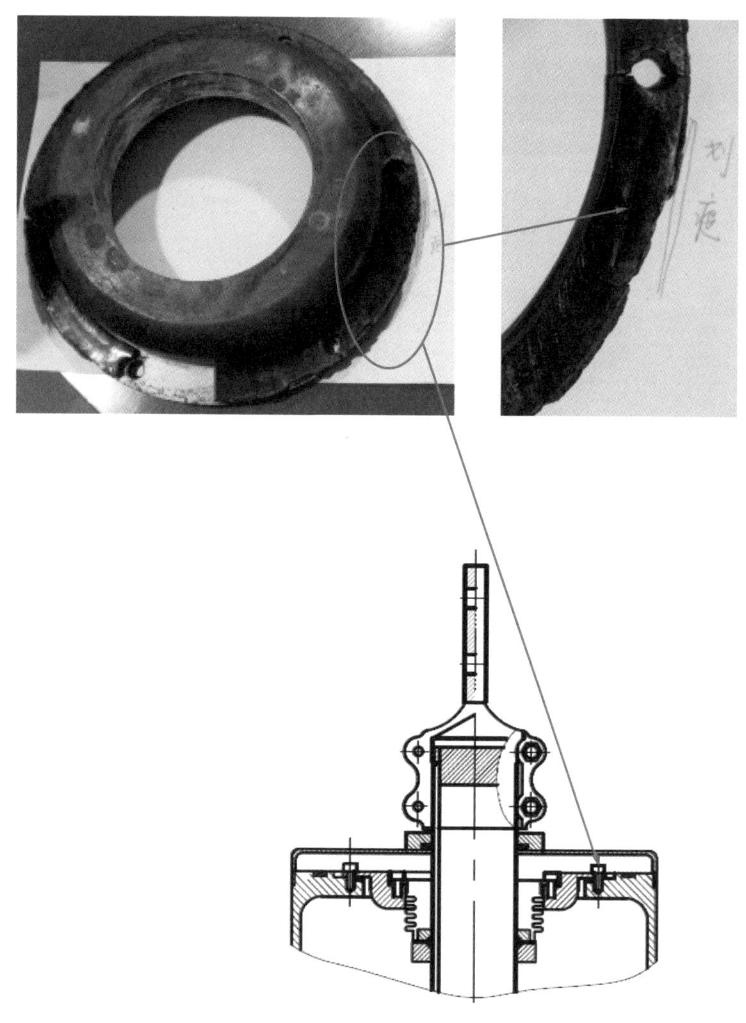

图 2.151　套管油枕示意图

图 2.152　放电点①，导电杆下端部放电痕迹

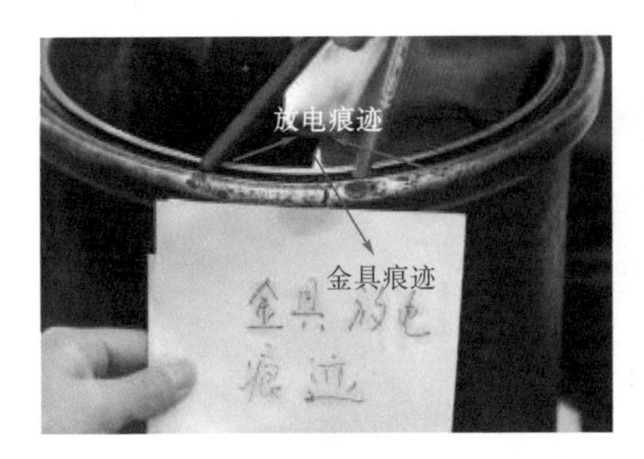

图 2.153　放电点②，套管金具末端放电痕迹

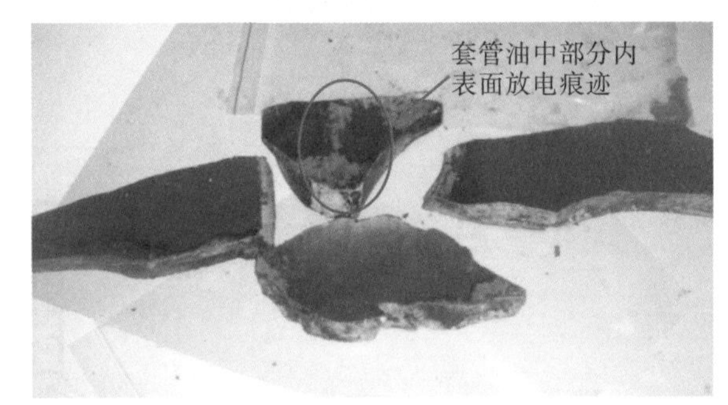

图 2.154　放电点③及套管油中部分瓷套碎片

3) 故障原因分析

根据上述勘察情况，本次故障分析如下。

本次某 1 号主变 C 相故障是由于变压器中压侧套管油中部分发生突然的对地电弧短路现象。巨大的短路电流造成变压器内产生强大的气压，将变压器 220kV 套管及升高座上的盖板冲开，高温的变压器油与空气接触后形成猛烈的燃烧。同时爆炸的残片砸中了 500kV 侧套管，并引起 500kV 侧套管的燃烧。

本次套管击穿的原因为套管密封圈损坏，长期运行导致受潮，油中瓷套部分内壁沿面放电，高温电弧导致瓷套碎裂，瓷套碎裂后高压部位(导电杆下端部)对地电位部位(套管金具末端及套管升高座内壁)放电。高温电弧导致升高座内压力急剧增大使中压升高座手孔盖板冲出，高温油接触到空气引起变压器油起火燃烧。

推定的放电路径：起始点为套管导电杆末端(放电点①)、落点为套管金具末端(放电点②)、套管升高座内壁(放电点③)。放电点及放电途径如图 2.155 所示。

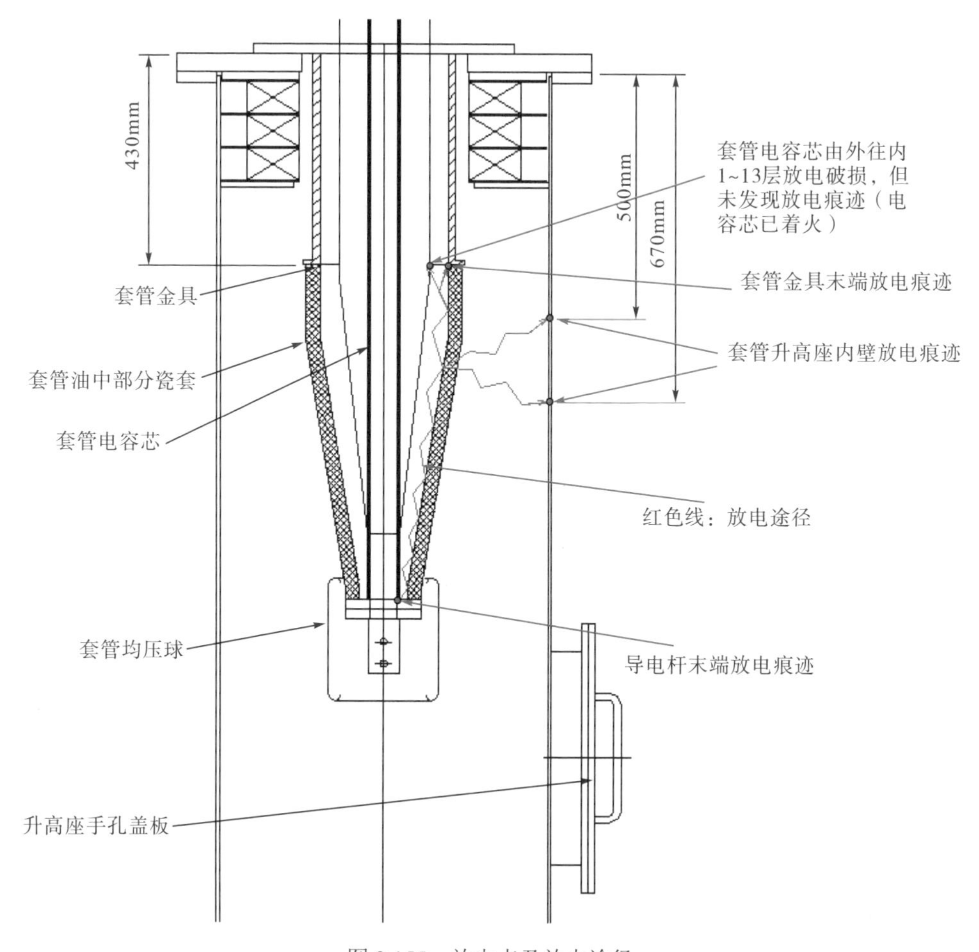

图 2.155　放电点及放电途径

4. 某变电站主变高压套管介损超标分析

1) 故障情况说明

2011 年 5 月 19 日对 220kV 某 2 号主变进行预防性试验时，发现高压侧 A 相套管主绝缘介损值 tanδ 为 1.185%，与 2010 年 1 月 18 日的交接试验介损值 tanδ 为 0.328%相比增加了 3.61 倍，但是电容量无明显变化；末屏对地电容量为 1278pF，比 2010 年 1 月 18 日的交接试验测试值 766pF 增长了 66%，末屏绝缘电阻和末屏对地介损值与交接试验值无明显变化。为进一步诊断套管的好与否，取套管绝缘油做油色谱分析，发现 C_2H_2 含量达 108.1μL/L、总烃为 139.1μL/L，说明套管内部可能存在高能量放电和过热现象。

2) 返厂故障检查情况

为了查找具体故障原因，对该相套管进行了解体检查，套管外观检查未发现异常，末屏引出头表面光滑，解体后发现套管末屏引线端部有明显碳黑和放电痕迹，如图 2.156 所示，引线上的油迹已变黑，如图 2.157 所示。

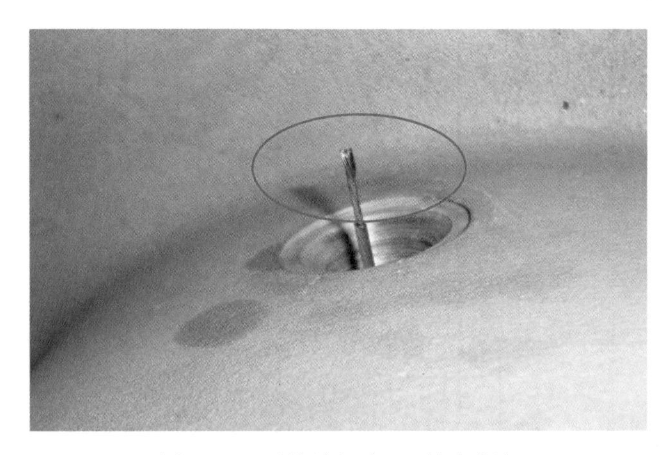

图 2.156 引线端部碳黑及放电痕迹

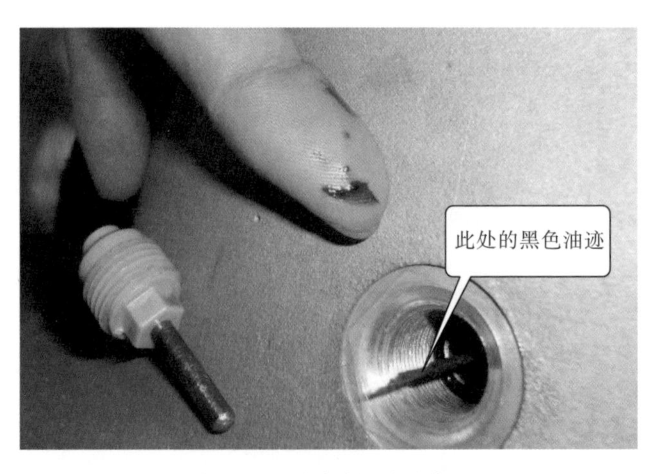

图 2.157 引线端部油迹变黑

3) 故障原因分析

从解体检查的结果来看，引起套管故障的原因是末屏引线与引线管之间的焊接存在虚焊或接触不良，在运行中产生多次放电累积所致，放电使绝缘油发生裂解，从而造成乙炔和总烃含量超标。

5. 某主变套管断裂损坏

1) 故障情况说明

2016年6月24日2时50分，110kV某变电站2号主变比率差动、差动速断保护、本体重瓦斯动作跳闸，本体压力释放、本地轻瓦斯动作告警，造成110kV某变电站2号主变停运、主变三侧断路器跳闸。2016年6月24日3时52分，将110kV 2号主变由热备用转为冷备用。6时56分将110kV 某变电站2号主变本体停电检修，7时55分现场开始检查。该主变型号为SFSZ11-63000/110GY，出厂日期为2015年，套管型号为BRDLW-126/630-4。

2) 故障检查情况

(1) 现场检查情况。主变高压侧B相套管上瓷件松动并向C相稍微倾斜，高压侧B相套管上瓷件与中间法兰密封处损坏出现油流，高压侧C相套管上瓷件与中间法兰密封受损出现渗油现象，如图2.158所示。

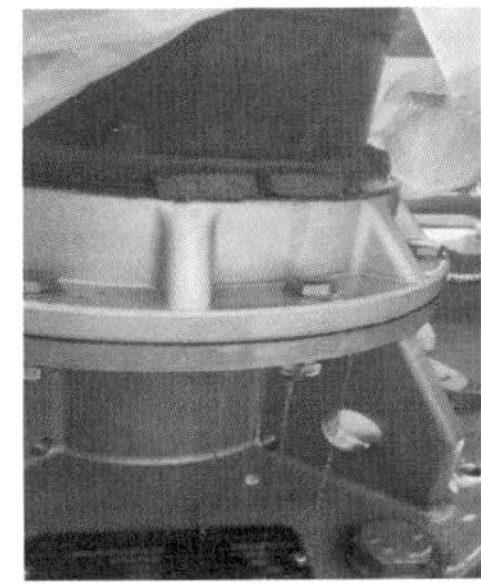
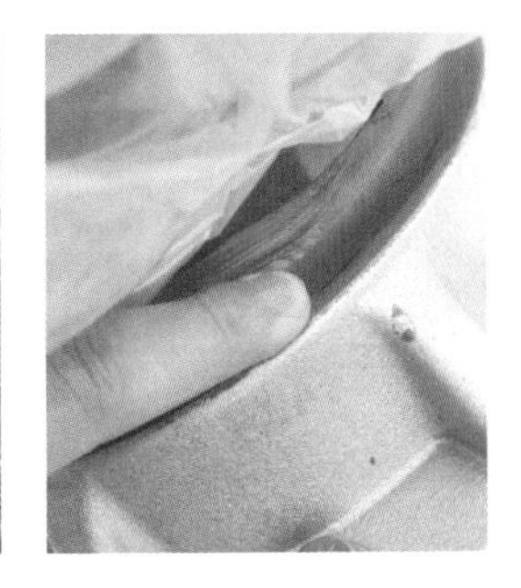

图2.158　B相高压套管倾斜、流油，C相高压套管密封受损渗油

2号主变外观检查如图2.159所示。主变中压侧C相套管顶部瓷面有裂痕，并有渗油现象，压力释放阀动作，释放阀排油管口有油迹，主变油枕本体油位较低，为1。

图2.159　2号主变外观检查

(2)试验情况。根据油化试验结果，110kV 某变电站 2 号主变本体油样色谱存在异常，总烃(为 508.95μL/L)、乙炔(为 262.46μL/L)、氢气(为 480.56μL/L)超标，用三比值法判断对应故障为电弧放电。

根据低电压短路阻抗试验、绕组频响试验、直流电阻试验、绝缘电阻试验、介损及电容量试验结果分析，110kV 某变电站 2 号主变高压侧 B 相套管电容量及介损异常，实测电容量为 58.67pF(铭牌电容为 319pF)、介损为 13.18%。其余试验结果未见异常。

(3)解体检查情况。

①B 相套管检查情况。综合试验及现场检查情况，故障的源点很有可能就在 B 相高压套管部位，现场吊出 B 相高压套管检查。吊出后发现套管下瓷套、TA 铝筒已脱落，电容纸有炭化现象；中部瓷套与法兰的连接部位损伤、断裂；头部密封圈未见异常；B 相套管头部油枕盖出现向上偏移；均压球与导电管断裂，下瓷套存在损伤；导电管下端螺纹部位断裂面颜色不一致，底座密封槽内缘有受压隐伤痕迹，如图 2.160 所示。

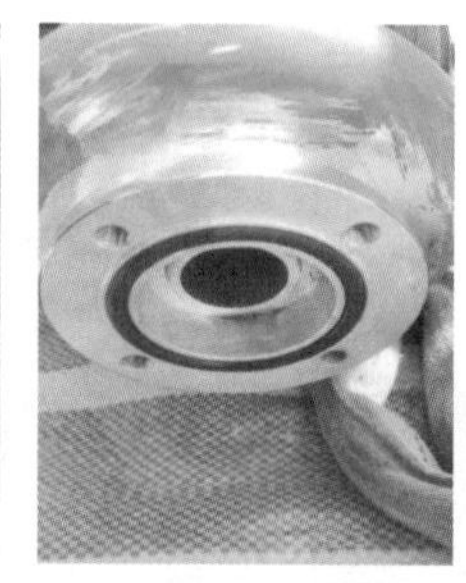

图 2.160 B 相高压套管外观检查

导电管上有明显放电痕迹，TA 铝筒上两端内侧均有明显放电痕迹，升高座内托板下端面存在放电痕迹，B 相高压套管放电部位如图 2.161 所示。

图 2.161　B 相高压套管放电部位

B 相高压套管电容芯检查情况如图 2.162 所示，电容芯纸有明显烧伤痕迹，但内层良好，且炭化痕迹呈线状排列；下瓷套表面及内部未看到放电痕迹。

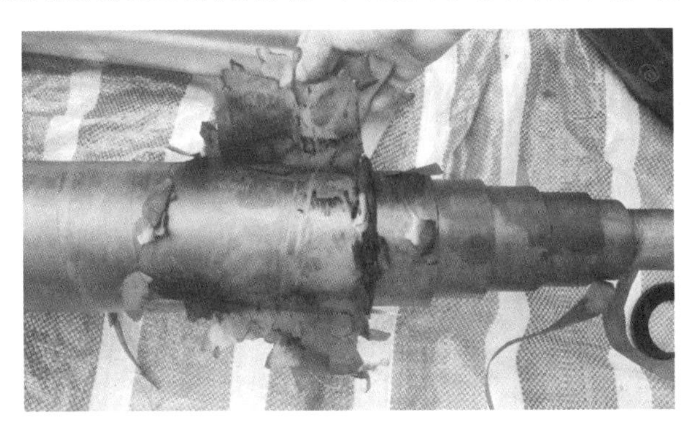

图 2.162　B 相高压套管电容芯检查情况

套管头部的引流线密封及套管油枕密封件良好，如图 2.163 所示，未见破损及浸水痕迹。

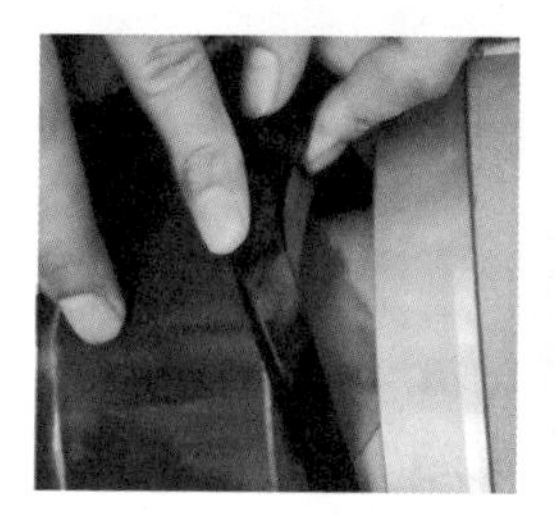

图 2.163　B 相高压套管头部密封检查

②吊罩检查情况。为查找故障源点、检查变压器受损情况及分析故障原因，对该变压器进行吊罩检查。经过检查，具体情况如下。

B 相高压引线上有明显烧蚀痕迹，如图 2.164 所示。

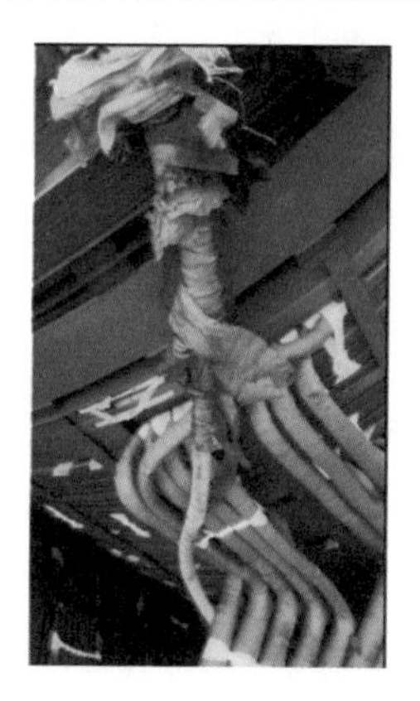
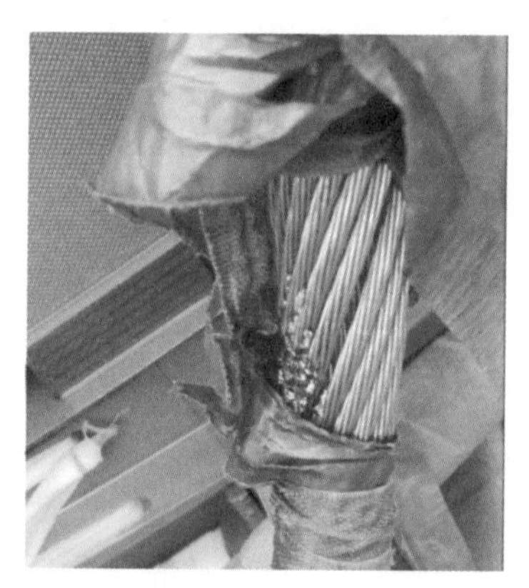

图 2.164　B 相高压引线有烧蚀痕迹

B 相绕组上铁轭夹件螺栓上有明显放电烧蚀痕迹，如图 2.165 所示。

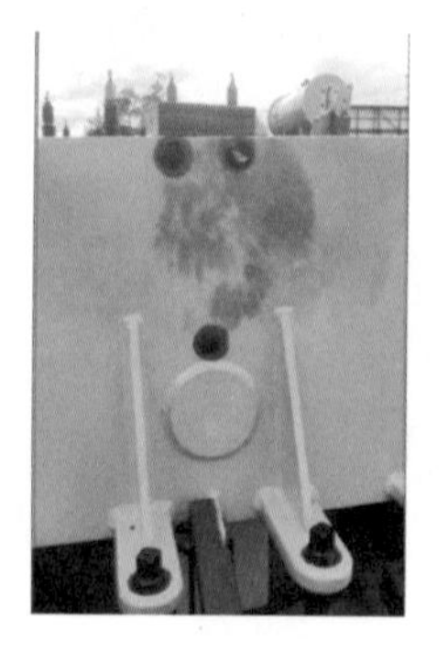

图 2.165　夹件螺栓有放电烧蚀痕迹

3) 故障原因分析

综合以上检查及分析情况，本次故障的直接原因是高压 B 相套管导电管在运行中发生断裂，导致套管绝缘强度下降，造成导电管(高电位)对铝套、夹件撑板螺栓、TA 托板、套管安装法兰(地电位)击穿放电，形成单相接地故障，致使变压器跳闸停电。

6. 某变电站 2 号主变腐蚀性硫情况

1) 故障情况说明

2017 年 6 月 17 日对 220kV 某变电站 2 号主变压器预试时发现 110kV 侧 C 相套管介损值达 1.298%。横向比较：A、B 两相分别为 0.303%、0.238%；纵向比较：2014 年 1 月 20 日试验值为 0.319%。横向和纵向比较相对变化量超过 300%，且绝对值已超过规程要求值，不具备运行条件，需更换处理。套管型号为 BRDLW-126/1250-4，出厂日期为 2009 年 6 月。

2) 故障检查情况

(1) 试验情况。试验人员对换下的套管开展了油色谱分析、高压介损和局部放电检查，试验结果分别如表 2.21～表 2.23 所示。

表 2.21　油色谱试验结果　单位：μL/L

时间	H_2	CO	CO_2	CH_4	C_2H_6	C_2H_4	C_2H_2	总烃	微水
2017 年 6 月 31 日	8425.87	272.65	1017.01	179.13	10.27	1.70	1.63	222.73	6.45
2014 年 1 月 6 日	19.43	162.2	572.29	2.27	1.15	0.17	0	3.59	1.72

表 2.22　高压介损试验结果

电压/kV	介损值/%	电容量/pF
10.66	1.478	388.8
19.27	1.674	389
30.6	1.754	389.2
40.26	1.741	389.4
49.99	1.703	389
59.32	1.661	389.8
69.72	1.604	389.9

表 2.23 局部放电试验结果

预加电压/kV	试验电压/kV	视在放电量/pC	允许视在放电量/pC 水平
145	109	35	20

根据油色谱试验结果，用三比值法分析故障编码为 110，对应的故障类型是电弧放电，可能的故障为：油隙放电或引线对接地体放电；高压介损测试结果显示随着电压升高，介损变化量大于 0.1%，已超过规程要求值；局部放电试验结果显示套管内部局部放电水平超过规程要求。

(2)解体检查情况。2017 年 8 月 22 日对换下的套管进行试验和解体检查。

①头部各密封件状况良好，未发现密封圈受损和进水痕迹。头部各密封件密封情况如图 2.166 所示。

图 2.166 头部各密封件密封情况

②末屏各密封件状况良好，如图 2.167 所示，未发现密封圈受损和进水痕迹，经咨询运行中也未发现漏油痕迹。

图 2.167　末屏各密封件密封情况

③末屏铜带外表面附着红绿色未知物质，用抹布可以擦去；内表面出现疑似放电痕迹。末屏铜带现场检查情况如图 2.168 所示。

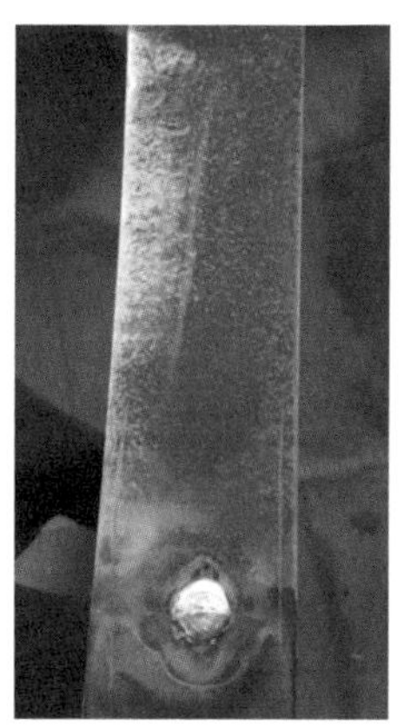

图 2.168　末屏铜带现场检查情况

④末屏引出线与铜带接触较小，部分铜线并未焊接，如图 2.169 所示。

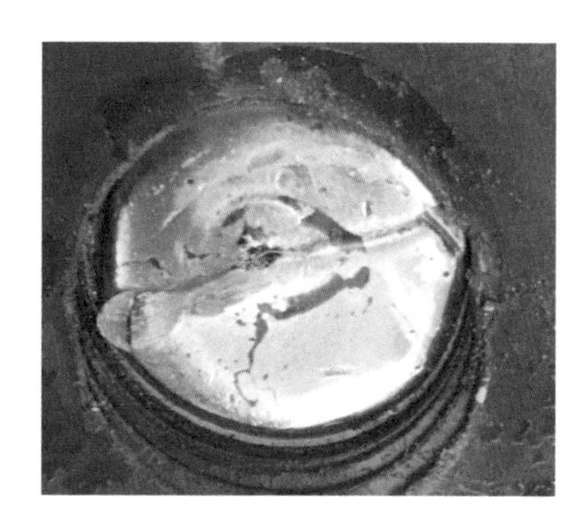

图 2.169　末屏引出线与铜线检查情况

⑤铜带检测。对该套管末屏铜带取样，正常颜色区域与红绿色区域铜带成分分析结果如图 2.170 所示。从图 2.170 中可以看出，在红绿色区域已检出硫元素的存在，说明油中腐蚀性硫已和铜带发生了反应，并在铜表面产生硫化物附着。参照《石油产品铜片腐蚀试验法》(GB/T 5096—2017) 中铜腐蚀标准色板的分级，该套管末屏铜带表面已出现红色和绿色显示的多彩色(孔雀绿)，属于 3 级腐蚀深度变色。

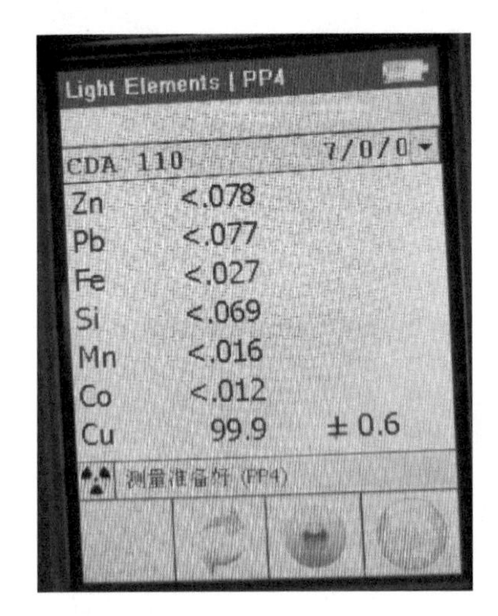

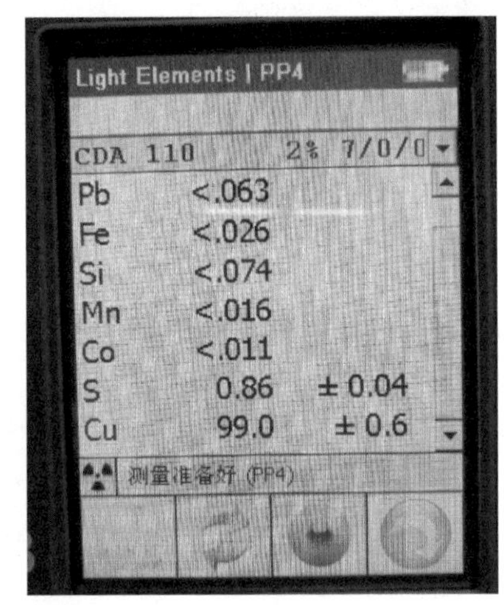

图 2.170 铜带异物检测结果

3) 故障原因分析

根据试验及解体情况综合分析，推测引起套管故障的原因为：末屏接地不良，末屏铜带生产的悬浮电位引起末屏部位虚接、过热，在此作用下铜带表面与绝缘油生成红绿色物质附着，长期作用引起色谱异常、介损超标；头部密封可能存在密封不严，导致潮气侵入，随着运行时间的加长，水分沉积到末屏部位，导致色谱异常、介损超标；水分的存在使得末屏铜带氧化锈蚀，在表面产生铜绿；长期的末屏过热，引起油中的硫与铜反应，在铜表面形成孔雀绿硫化物附着。

7. 某变电站 500kV 主变套管进水跳闸故障

1) 故障情况说明

2015 年 7 月 10 日 500kV 某变电站 1 号主变 A 相爆炸起火，造成 1 号、2 号主变差动保护动作、三侧断路器跳开，1 号、2 号主变退出运行。经检查，1 号主变 A 相已损坏。产品型号为 ODFPS-250000/500，制造日期为 2003 年 1 月，投运日期为 2003 年 6 月。

2) 故障检查情况

(1) 现场检查情况。1 号主变 A 相烧损严重，烧毁现状如图 2.171～图 2.174 所示。主变 A 相烧毁后外观如图 2.171 和图 2.172 所示，油箱加强筋出现局部变形，如图 2.173 所示。油箱整体出现移位(往低压出线侧移位)，基础受损，如图 2.174 所示。

图 2.171　1 号主变 A 相面向 500kV 侧平视图

图 2.172　1 号主变 A 相面向 220kV 侧平视图

图 2.173　1 号主变 A 相靠低压侧出线两侧面油箱加强筋出现局部变形

图 2.174　1 号主变 A 相油箱整体移位(往低压出线侧移位)

根据现场的检查情况及保护动作情况，推测 1 号主变 A 相 500kV 升高座内部出现单相接地短路故障，短路造成油箱内压力剧增，致使 A 相升高座喷出、油箱变形、整体移位。

(2)解体检查情况。2015 年 8 月 10 日、11 日，对某变电站 1 号主变 A 相解体检查分析，具体情况如下。

①解体检查发现，器身上端部压板、高压侧引线区域围屏及邻近旁轭有过火烧黑情况，如图 2.175 所示。

图 2.175　器身有过火痕迹

②解体检查高、中、低压及调压线圈未发现异常，如图 2.176 所示。

图 2.176　高、中、低压及调压线圈外观

③解体检查中、低压及调压引线未发现明显异常，如图 2.177 所示。

图 2.177　中、低压及调压引线未见异常

④经检查，高压套管油中部分有过火痕迹，如图 2.178 所示，剥去部分电容芯后未发现放电点。

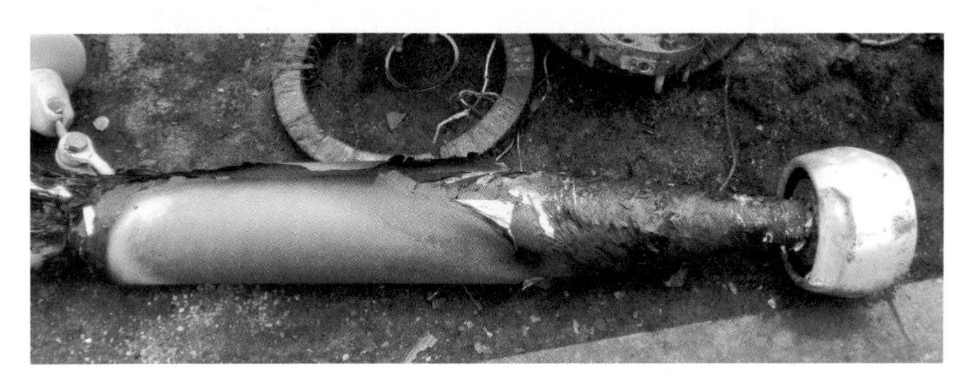

图 2.178　套管油中部分有过火痕迹

⑤套管检查情况。为核实解体分析会上的分析，2015 年 8 月 10 日、11 日，某公司设备部、某电科院、某供电局相关人员及特邀专家到现场对某变电站 1 号主变 A 相高压套管进行检查，打开套管后发现将军帽密封处有两处浸水痕迹、将军帽内部有铜锈生成、密封圈老化破损变形严重，如图 2.179 和图 2.180 所示。

图 2.179　套管将军帽密封处有两处浸水痕迹

图 2.180　套管内部有铜锈、密封圈老化破损变形严重

3) 故障原因分析

综合故障现象及解体情况，高压套管上端部密封失效(套管上端部密封失效导致水分浸入示意图如图 2.181 所示)，水分及潮气沿载流杆与电容芯铝筒之间缝隙的浸入，集于高压升高座内部引线处，造成此部位绝缘强度下降，在升高座内发生接地短路故障，造成绝缘油裂解气化，急剧膨胀，压力倍增，导致高压套管崩出、升高座坠落、油箱变形等现象。

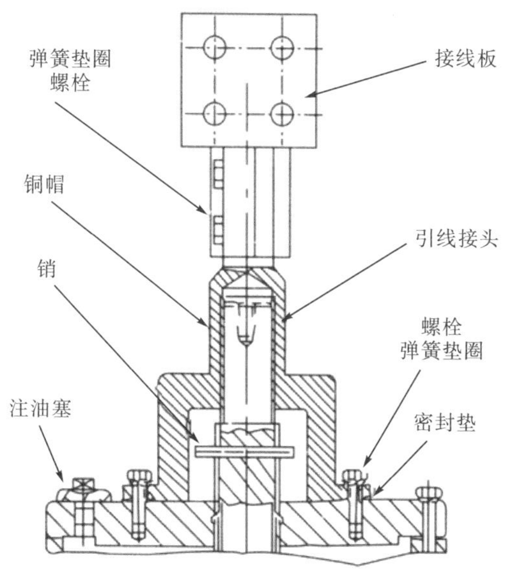

图 2.181　套管上端部密封失效导致水分浸入示意图

8. 500kV某变电站套管雨闪事故情况分析

1) 故障情况说明

2015年6月18日20时10分59秒，500kV某变电站500kV 2号主变高压侧套管因大雨造成电击闪络，形成B相单相对地短路，引发2号主变第一、二套主变差动速断、分侧比例差动、工频变化量差动、比率差动保护动作，跳开2号主变三侧断路器。产品型号为ODFPS-250000/500，出厂日期为2009年7月。

2) 故障检查情况

(1) 现场检查情况。现场检查发现2号主变B相高压侧套管将军帽、瓷套沿面、法兰盘金属部分有明显放电痕迹，其他部位未发现明显异常，放电迹象符合工频闪络表象，如图2.182所示。

图2.182　放电痕迹

故障时刻，500kV某变电站现场暴雨，伴随有大风及闪电，根据发布雷雨黄色预警显示，6月18日16时30分至22时30分内，变电站将出现明显的雷电活动，并伴有短时强降水及瞬时大风等强对流天气，降水量最高达100mm以上。

(2) 试验情况。故障跳闸后，对2号主变本体及套管进行试验检测，试验结果均合格。

(3) 套管参数核查情况。2号主变套管技术参数与技术规范要求对比如表2.24所示。从表2.24中可以发现，其大小伞裙间伸出之差为15mm，套管干弧距离为4030mm，不满足《污秽条件下使用的高压绝缘子的选择和尺寸确定　第2部分：交流系统用瓷和玻璃绝缘子》(GB/T 26218.2—2010)的要求。

表 2.24　2 号主变套管技术参数与技术规范要求对比

套管伞裙参数	故障套管参数	新技术规范要求（GB/T 26218.2—2010）
两裙伸出之差 P_2-P_1/mm	15	≥20
相邻裙间高 S 与裙伸出长度 P_2 之比	1	>0.9
相邻裙间高 S/mm	70	≥70
干弧距离/mm	4030	≥4700

因此，故障套管伞裙为上细下粗的锥形结构，在大雨情况下，下部伞裙的过水量明显高于上部，下半部伞裙承受的雨量较大，容易导致伞裙间隙被桥接。

3) 故障原因分析

综合上述分析，本次事故是由于 500kV 某变电站 2 号主变 B 相高压侧套管伞裙过密，大暴雨和大风极端天气下形成雨闪，造成 B 相单相对地短路，引发 2 号主变差动保护动作、三相开关跳闸。

9. 某变电站套管浸水受潮

1) 故障情况说明

2014 年 9 月，某供电局高压试验人员对 110kV 某变电站容性在线监测设备进行维护，维护中发现 1 号主变 C 相介损值为 8.96%，远远超出标准值 1.0%。接着调出 2014 年 5 月至 9 月的电容量和介损值进行对比，如表 2.25 所示，发现介损值一直处于超标状态。该变压器 1 号主变的投运日期为 2000 年 7 月。

表 2.25　2014 年 5 月至 9 月的在线监测数据

1 号主变套管	2014 年 5 月		2014 年 6 月		2014 年 7 月		2014 年 8 月		2014 年 9 月	
相别	电容量/pF	介损值/%	电容量/pF	介损值/%	电容量/pF	介损值/%	电容量/pF	介损值/%	电容量/pF	介损值/%
A 相	262.56	0.52	263.02	0.51	262.89	0.49	263.29	0.48	263.24	0.48
B 相	260.62	0.43	261.23	0.45	260.94	0.44	261.33	0.44	261.26	0.44
C 相	276.79	3.36	288.48	15.56	280.49	10.31	294.38	20.08	288.16	15.12

2) 故障检查情况

(1) 试验情况。通过查看历年的在线监测数据，对 2011—2014 年套管的介损值和电容量监测数据对比分析如表 2.26 所示。

表 2.26　2011—2014 年的在线监测数据

1 号主变套管	2011 年		2012 年		2013 年		2014 年	
相别	电容量/pF	介损值/%	电容量/pF	介损值/%	电容量/pF	介损值/%	电容量/pF	介损值/%
A 相	263.07	0.46	0.60	0.468	263.03	—	262.43	0.49
B 相	264.46	—	264.40	0.425	261.17	—	260.22	0.44
C 相	265.42	—	267.52	10.98	281.97	13.49	275.40	10.04

历年的定检预试试验数据如表 2.27 所示。

表 2.27　历年的定检预试试验数据

相别	介损值/%	介损值/%	介损值/%	注意值/%	电容量/pF
	2007 年	2010 年	2014 年	—	—
A 相	0.276	0.281	0.231	1.0	265.5
B 相	0.261	0.279	0.229	1.0	268.2
C 相	0.310	0.390	7.213	1.0	281.9

(2)解体检查情况。整体外观检测如图 2.183 所示，表面外观、底座、末屏、端头将军帽附近外观均无异常。

图 2.183　整体外观检测

套管端部从上到下的密封圈的位置及排序定义如图 2.184 所示，其中第 5 号密封圈如图 2.185 所示。

图 2.184　密封圈的位置及排序

图 2.185　第 5 号密封圈

检查第 3 号密封圈龟裂严重，如图 2.186 所示，而正常的 B 相第 3 号密封圈无龟裂。

图 2.186　第 3 号密封圈

继续打开第 4 号密封圈，C 相第 4 号密封圈密封情况如图 2.187 所示，可看到里面锈蚀程度非常严重，里面的 4 个大螺帽已被铁锈堆积包裹，以致分不清螺帽六边形的棱边。

图 2.187　C 相第 4 号密封圈密封情况

3）故障原因分析

分析的结果是因第 3 号密封圈或第 4 号密封圈密封不良导致湿气浸入套管内部油中。C 相受潮的问题不是短时的，自 2010 年开始，C 相套管便开始有受潮现象。2012 年，C 相套管端部的密封不良导致套管内部受潮开始加剧，在 3 年多的时间内，使油中水分含量大幅升高，且对端部的金属锈蚀加剧，绝缘强度降低，介损增大。

10. 某变电站套管内绝缘缺陷情况

1）故障情况说明

在 2015 年 6 月的技术监督试验报告抽查工作中，发现 500kV 某 2 号主变 A、B 两相高压套管介损试验数据偏高（电容量偏差在范围内），A 相和 B 相高压套管介损值分别为 0.61%和 0.524%，相对于 C 相套管介损值为 0.33%，横向偏差达 50%以上，与历年（2012 年和 2009 年及出厂试验）纵向比较也有明显增大现象。从试验数据来看，某变电站 2 号主变的 B 相高压套管介损数据满足标准要求，但是鉴于与历史数据及横向比较差异较大，为了进一步查找 2 号主变 B 相高压套管介损数据偏高的原因，对 2 号主变 B 相高压套管中的油取样进行油色谱分析，氢气严重超标（14069.18μL/L），三比值编码为 010。该主变的型号为 ODFS-250000/525，出产日期为 2008 年 7 月 31 日。

2）故障检查情况

为了查找故障原因，与套管厂家技术人员沟通了解体前需要开展的试验及解体工作相关流程，确认需开展的试验项目有耐压前介损及电容量测试、局部放电量测量和 1min 工频耐压试验、耐压后介损及电容量测试。

2015 年 10 月 28 日开展的试验项目，测试结果如下。

（1）耐压前介损测试。耐压前介损随施加电压变化的曲线如图 2.188 所示。

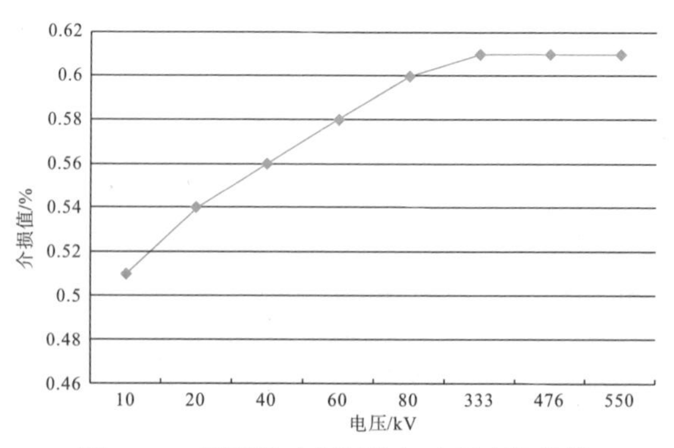

图 2.188　耐压前介损随施加电压变化曲线

(2) 局部放电量测试。局部放电量测试时背景干扰水平为 3.7pC。

局部放电量测试在 550kV 下维持了 10min，局部放电量有所降低，最低为 15pC，仍然大于 5pC，如图 2.189 所示。

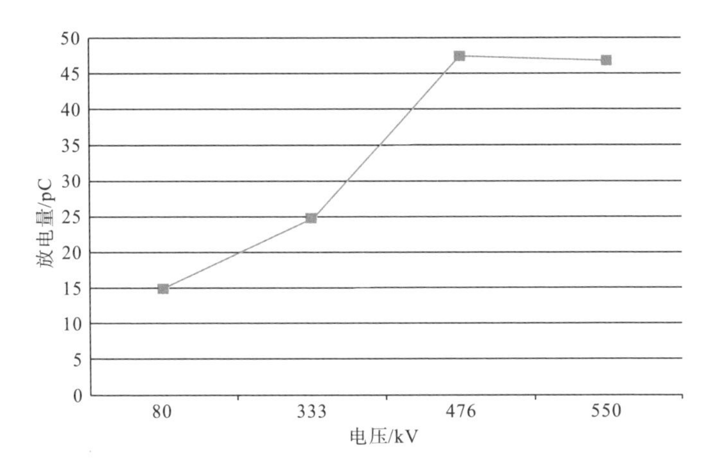

图 2.189　局部放电量随施加电压变化曲线

(3) 工频耐压试验。该套管出厂试验中工频耐受电压为 800kV，故本次的工频耐压值选择为 680kV。当耐压时间接近 40s 时，局部放电量突然陡增，达到几百皮库仑甚至上千皮库仑，然后紧急降到 0pC，重新升压，升压到 40kV 左右局部放电量就达到上百皮库仑，60kV 下局部放电量为 347pC。

(4) 耐压后介损测试。耐压后介损测试值如表 2.28 所示。

表 2.28　耐压后介损测试值

电压/kV	10	20	50	80
介损值/%	0.69	0.66	1.51	351

耐压后介损随施加电压变化曲线如图 2.190 所示。耐压后介损随电压上升增加很快。

(5) 解体检查情况。2015 年 10 月 28 日、29 日，进行了 500kV 某变电站 2 号主变 B 相介损异常套管解体工作，主要发现了以下异常情况。

①顶部螺栓松开时，发现用于注氮气的气孔螺栓用力矩扳手拧动时相对比较容易，拧开后发现牙丝有轻微变形，再将螺栓复位时已无法拧紧，牙丝变形如图 2.191 所示。

②多处铝箔层搭接处出现黑色可疑方框，如图 2.192 所示，怀疑是长期运行过程中的电晕放电引起的。

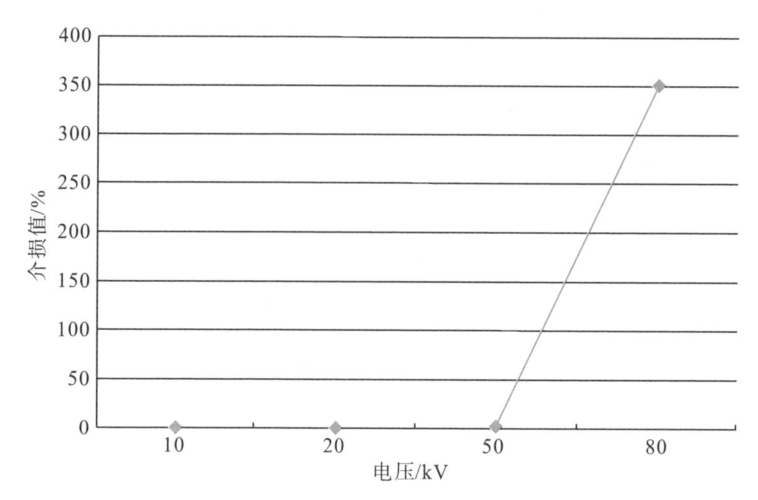

图 2.190 耐压后介损随施加电压变化曲线

图 2.191 牙丝变形

图 2.192 黑色可疑方框

③在靠近法兰盘的附近，发现多层电容纸上出现高温悬浮放电形成的黑斑，共有 4 个点，约小拇指大小，最多的为第 75 层处，如图 2.193 所示。

图 2.193 黑色可疑斑点

在第 15 层铝箔处，靠近套管一般高度的位置发现有高温悬浮放电的痕迹，如图 2.194 所示。

图 2.194　高温悬浮放电的痕迹

④在靠近套管上端的位置，快接近导体时，有五六层铝箔间的电容纸被击穿，共出现了 3 个孔，如图 2.195 所示，疑似 10 月 28 日的耐压试验所致。

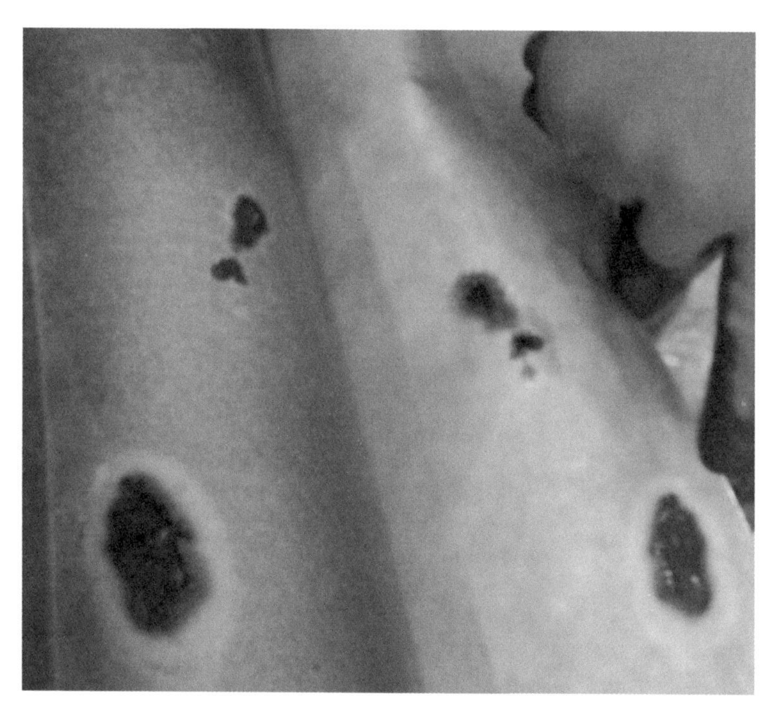

图 2.195　电容纸被击穿

⑤最贴近导体的一层电容纸上发现不明黏性胶状物质，且越靠近上端黏性越强，靠近上端处有水分浸入痕迹，如图 2.196 所示。

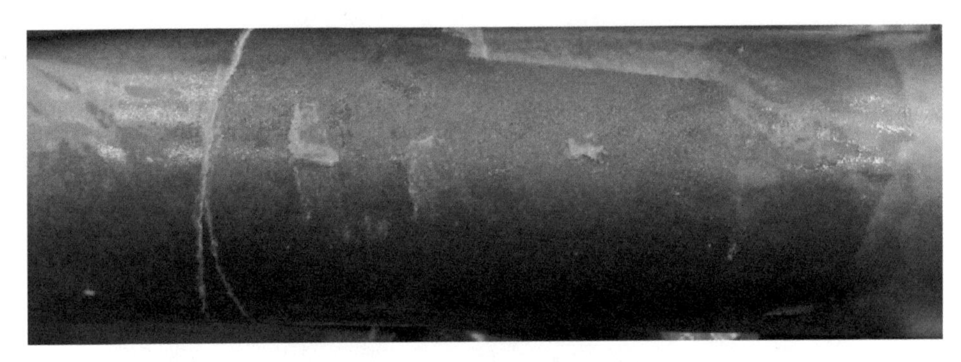

图 2.196 电容纸附着黏性胶状物

3) 故障原因分析

结合现场试验、返厂试验及解体情况分析，认为该套管上部密封损坏，导致潮气浸入，进而内部产生局放，导致产生 X 蜡、油色谱发生异常及介损升高的情况。

2.3.4 防止变压器套管故障的对策

(1) 统计整合套管家族性缺陷，进行排查。运行单位对有家族性缺陷的套管按照相应的缺陷类型做好日常维护、维修、更换工作。

(2) 建议套管生产厂家加强质量控制，加强对相关操作人员的培训，保证产品质量。同时变压器生产厂家还应加强套管总装时的装配控制过程，加强重点设备、关键步骤的管控工作，避免装配过程中出现虚焊或接触不良等情况发生。

(3) 做好日常巡视、预防性试验，及时发现套管异常并进行处理，避免套管问题发展成为变压器事故。

2.4 分接开关故障

电力变压器的分接开关是用来调节变压器输出电压的。由于电力系统电网中各处的电压不是完全相同的，为了使变压器无论安装在电网什么位置都能输出额定电压，就在变压器的一侧绕组设置了多次抽头，并将抽头接到分接开关上，通过开关与电网相连。这样，可以通过分接开关与不同的变压器绕组抽头连接来改变变压器高、低压绕组的匝数比，从而达到调节变压器输出电压的目的。

分接头有无载调节和有载调节两种，前者只能在变压器与电网脱开后调节分接开关位置，而后者可以在变压器运行工况中调节分接头位置。分接开关的可靠性直接影响变压器的安全运行和电能质量，因此改进检修工艺、完善检测手段、提高运行维护和管理水平是保证设备可靠运行的必要措施。

2.4.1　分接开关故障的原因

1. 无载分接开关的故障

(1) 变压器渗油(导电杆螺帽不紧、箱盖、油标密封垫、放油阀、焊缝等处)使无载分接开关裸露在空气中，使之逐渐受潮。裸露的分接开关绝缘受潮后性能下降，导致放电短路，损坏变压器。

(2) 无载分接开关的制造质量差，结构不合理、压力不够、接触不可靠，外部位置与内部实际位置不完全一致，引起星形动触点位置不完全接触，错位的动、静触点使两抽头间的绝缘距离变小，并在两触点之间的电势作用下发生短路或对地短路放电，短路电流很快就把抽头线圈匝绕坏，甚至导致整个绕组损坏。

(3) 运行中的变压器无载分接开关长期浸在高于常温的油中，油的老化可能引起分接开关触点出现炭化膜和油垢，触点发热后使弹簧压力降低(特别是触环中弹簧由于材料和制造工艺差，使弹性降低很快)或零件变形，分接开关的引线头与接线螺丝松动等原因未及时处理，使导电部位接触不良，接触电阻增大，绕组层间、匝间等处引起短路烧坏变压器。

(4) 操作不慎引起分接开关不完全到位或扭断动触点的绝缘轴，断落的触点引起线间或对地短路，最终导致变压器投入运行时，将高压三相绕组烧坏。

(5) 安装工艺差，对各部位紧固螺栓的检查不仔细，造成变压器箱体进水，使分接开关绝缘，绕组绝缘受潮。还有运行维护不到位，没有严格执行变压器运行规程，没有及时进行常规维护和污垢的清理，导致变压器散热条件差而损坏。

2. 有载分接开关的故障

(1) 有载分接开关油室的渗漏。导致有载分接开关油室渗漏的主要原因有密封胶垫老化、密封结构和制造工艺存在缺陷、检修及安装不当造成的缺陷。渗漏部位及原因主要有以下几个：①切换开关转动轴与油室底盘之间的密封松动或损坏；②有载开关油室的绝缘筒与底盘之间密封结构不良，以及密封垫老化等原因产生的漏油；③切换开关部分的引出端子与油室密封不严；④切换开关头部的支撑法兰固定螺丝处漏油；⑤切换开关头部的绝缘筒与变压器钟罩之间密封圈漏油。

(2) 有载分接开关操作中的常见故障。有载分接开关操作中的异常主要有：①操作电源电压消失或过低。这类异常比较常见，操作电源空开跳闸，使有载开关动作失灵，是电源空开使用时间长劣化所致；②电机绕组断线烧毁。启动电机失压，电机由于频繁操作，常出现绕组断线烧毁情况；③连锁触点接触不良。发生此类异常主要是极限开关、连锁开关、顺序开关接触不良使控制回路不通所致；④传动机构脱扣及销子脱落。发生此类异常最典型的现象是现场电机转动，而档位不动；⑤有载分接开关电动操作过程中出现“滑档”现象。根本原因是控制回路中起限制作用的顺序开关失灵所致。

(3)有载分接开关的常见内部故障。有载调压开关本体常见故障有触点烧损、触点脱落、滑档、油箱渗油、实际运行档位与显示档位不对应、主轴扭断、电气和机械连接器失灵等。有载分接开关的故障大多由以下几点原因造成。

①有载分接开关辅助触点中的过渡电阻在调档过程中容易被击穿并烧毁。如果出现有载开关不能正常切换的情况，直观地说，就是快速机构主弹簧疲劳，紧固件松动，传动系统损坏，机械卡死、限位失灵等故障情况，导致分接开关不能正常切换或即使切换也在分接开关切换中途失败，出现上述情况，必须认真检查分接开关过渡电阻情况，确认是否完好。

②有载分接开关烧损故障。据有关统计，有载分接开关在运行中烧损故障约占开关故障总数的 40%。由于触点接触不良引起拉弧，导致有载分接开关跳闸。经分析，发生触点烧损的主要原因是触点松动，引起位置偏移，造成接触不良。造成位置偏移的原因有两个：一是频繁调压振动影响，引起触点松动，导致位置偏移；二是安装时不注意紧固或触点装偏。

③触点接触压力不足，造成接触不良，有载调压开关油箱渗油故障。据有关统计，有载调压开关油箱渗漏油故障占开关故障总数的 13%以上，渗漏发生在箱体上盖、放油孔或底部铆接部位。其主要原因有 3 个：一是上盖密封胶圈太薄，压缩量不足；二是绝缘密封老化或铆接压力不均匀；三是装配时损伤了密封圈切换开关油室与本体密封不良，渗漏多发生在油室与本体结合法兰处，其次是转动轴、接线端子等。

④选择开关分接引线与静触点的固定绝缘杆变形故障。绝缘杆变形常常是由于绝缘杆自身机械强度不够和绝缘杆受力影响两方面造成的。

2.4.2 分接开关故障的案例分析

1. 110kV 某变电站 2 号分接开关触点掉落故障

1) 故障情况说明

2012 年 11 月 7 日 10 时 5 分，运行人员在集控中心操作 110kV 某变电站 2 号主变有载分接开关由 3 档调至 4 档时，2 号主变有载重瓦斯保护动作跳闸，35kV、10kV 备自投动作成功，无负荷损失。型号为 SFSZ7-31500/110，出厂日期为 1994 年。

2) 故障检查情况

(1) 切换开关吊芯检查情况。切换开关芯子吊出后，检查发现：B 相弧形板上的 K2 上端静触点固定螺栓及触点均脱落，固定在上面的过渡电阻的引线有放电烧蚀的痕迹，如图 2.197 和图 2.198 所示。固定螺栓在切换开关油箱内找到，螺栓上也有放电烧蚀的痕迹，拆开 B 相弧形板后，发现脱落的静触点，如图 2.199 所示。

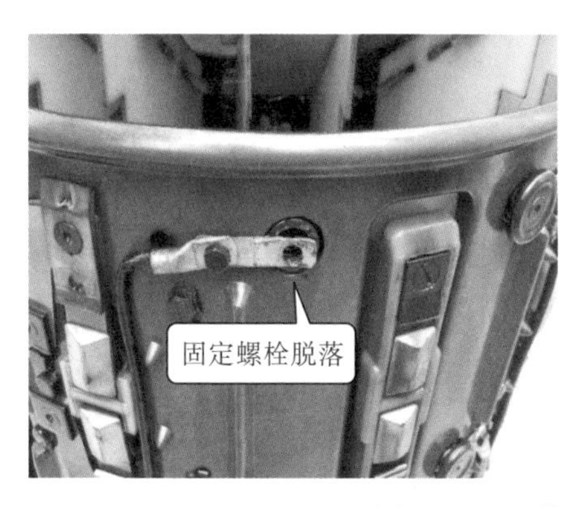

图 2.197　切换开关吊芯检查情况

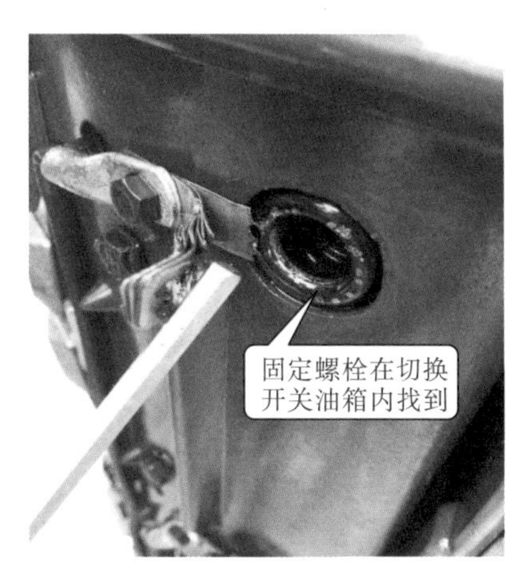

图 2.198　静触点底座

图 2.199　静触点脱落

(2)切换机构检查情况。切换机构触点均处在调档切换过程的中间过渡位置。用手转动切换开关机构，发现机构已处于脱扣状态，触点不会变动位置，如图 2.200 所示。图 2.201 所示为切换机构示意图。

图 2.200　切换机构脱扣

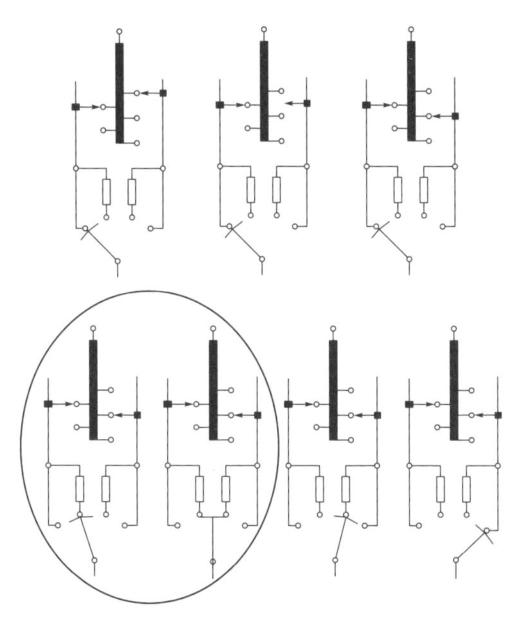

图 2.201　切换机构示意图

3) 故障原因分析

根据切换开关检查情况分析，由于 B 相弧形板上的 K2 上端静触点固定螺栓的防松措施有制造缺陷，失去防松的作用，如图 2.202 所示。由于切换开关动作时的震动较大，导致固定螺栓在长期运行过程中逐渐松脱出来，固定螺栓最终完全脱出，掉落在切换开关油桶内。K2 上端静触点脱落在 K2 动、静触点之间，因为 K2 静触点的上、下触点接于过渡电阻的同一端，所以 K2 上静触点的缺失并不影响切换开关的动作。

图 2.202　螺栓防松失效

切换开关在切换过程中被脱落的触点卡住，三相触点始终保持在中间过渡状态，一方面过渡过程中动、静触点间的电弧长时间得不到熄灭；另一方面过渡电阻长时间承受电流发热，从而导致切换开关油桶内产生高温，使大量的油气涌向瓦斯继电器导致重瓦斯保护动作。

2. 220kV 某变电站有载重瓦斯误动

1) 故障情况说明

2014 年 11 月 9 日 16 时 52 分 47 秒，某主变在启动在线滤油装置后有载调压重瓦斯动作。主变型号为 SFPSZ9-180000/220GY，投运日期为 2006 年 8 月 30 日，有载分接开关型号为 MIII 600Y-123/C-10193WR。

2) 故障检查情况

(1) 分接开关自身问题。分接开关自身问题主要包括触点和油质劣化两个方面的问题。在 1 号主变有载重瓦斯动作当天，分接开关共进行了 3 次切换操作，3 次切换过程中均未发现异常，本次有载重瓦斯动作时，分接开关未进行操作，所以基本上可以排除分接开关触点问题导致重瓦斯动作。

鉴于上述原因，本次检查主要侧重于分接开关油质的检查，油化试验的结果如表 2.29 所示。

表 2.29　1 号主变分接开关事故前后油化试验数据

设备名称	试验时间	绝缘强度/kV	微水/(μg/g)
1 号主变有载调压装置	2014 年 4 月 30 日	40	7.3
1 号主变有载调压装置	2014 年 11 月 9 日	50	6.8

本次检查是满足分接开关运行要求的，所以从本次重瓦斯动作前后的油化试验结果来看，该 1 号主变分接开关的油满足运行要求。

因此，通过以上分析，基本上可以排除分接开关自身原因导致本次有载重瓦斯动作。

(2) 保护方面的问题。保护方面的问题主要包括瓦斯继电器整定值偏低、二次回路绝缘下降等问题。

瓦斯继电器型号为 QJ4-25，该瓦斯继电器在 2013 年进行了校验，在本次事故后也进行了校验，两次校验的结果如图 2.203 所示。

瓦斯继电器测试报告	瓦斯继电器测试报告
时间: 2013-08-14 21:15	时间: 2014-11-11 14:15
温度: 26.3℃	温度: 20.6℃
厂家: 沈阳旭升电气厂	厂家: 沈阳旭升电气厂
型号: QJ_4 –25	型号: QJ_4 –25
流速1: 1.000 m/s	流速1: 0.982 m/s
流速2: 0.982 m/s	流速2: 1.000 m/s
流速3: 0.982 m/s	流速3: 1.000 m/s
流速均: 0.988 m/s	流速均: 0.994 m/s
容积: 231 ml	容积: 358 ml
密封: 压力0.150MPa, 20分钟后　合格	密封: 压力0.150MPa, 20分钟后　合格
(a)上次检验	(b)本次检验

图 2.203　检验对比

根据瓦斯继电器早期的《大型发电机变压器继电保护整定计算导则》(DL/T684—2012)校验规程规定，有载瓦斯继电器重瓦斯动作时，整定流速为 1m/s，校验结果为 0.988m/s 和 0.994m/s，两次校验结果满足瓦斯继电器校验规程要求，而且校验值差异不大。

试验人员现场对二次回路绝缘进行了试验，试验结果如表 2.30 所示。试验结果表明，保护的二次回路绝缘正常。

表 2.30　二次回路测试结果

电缆编号	对地阻值/MΩ	相间阻值/MΩ	备注
1B-127(3)/01	1000	1000	公共端
1B-127(3)/05	1000	1000	有载重瓦斯跳闸

(3)滤油机问题。由于本次有载重瓦斯动作是在滤油机启动 4s 后发生的，因此现场也对在线滤油机进行了检查，滤油机的安装位置及实物图如图 2.204 所示。

现场检查了滤油机的进出油的阀门，处于开启状态，为了检查滤油机问题造成本次重瓦斯误动的原因，现场对分接开关进行了 30 次变压器不同运行情况下的滤油机启动操作，30 次滤油机启动操作均未发生有载重瓦斯动作信号。

然而，本次有载重瓦斯是在线滤油机启动 4s 后动作的，可以推断滤油机启动应该是本次有载重瓦斯动作的一个诱因。

(4)分接开关排气不畅。有载分接开关排气不畅，内部存在积气，震动使气体集中排出，导致重瓦斯误动。

现场检查瓦斯继电器，瓦斯继电器内有大量气体，并且轻瓦斯油杯油面低，轻瓦斯卡涩，如图 2.205 所示，导致未发出轻瓦斯告警信号。

图 2.204　滤油机的安装位置及实物图

图 2.205　有载瓦斯继电器油面低，轻瓦斯卡涩

对分接开关的端盖进行放气，如图 2.206 所示，放气孔开启几秒钟后，有油流出，表明分接开关端盖部位也积累了一些气体。

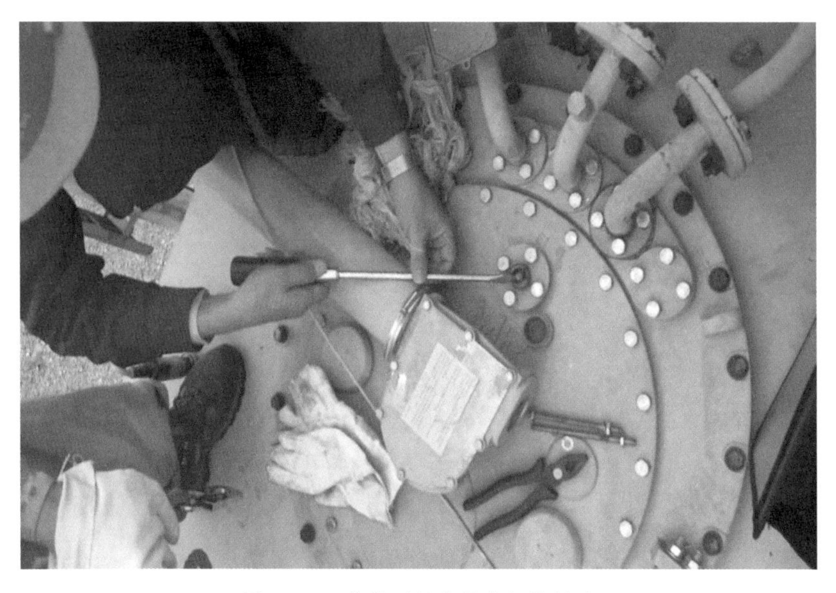

图 2.206　分接开关本体有气体放出

3) 故障原因分析

(1) 通过现场检查和相关试验结果，表明该 1 号主变有载分接开关本体不存在问题，本次有载重瓦斯动作是一次误动。

(2) 本次 1 号主变有载重瓦斯误动是由于启动在线滤油机引起油面震动，进而使分接开关气体集中排出，最终导致了重瓦斯误动。

(3) 有载分接开关瓦斯继电器内集气较多而未发出轻瓦斯告警信息，原因是瓦斯继电器的轻瓦斯节点卡涩。

2.4.3　防止变压器分接开关故障的对策

(1) 分接开关每次检查、检修、调试或故障处理均应填写报告或记录。

(2) 从分接开关油室中取油样时，必须先放掉排油管中的污油，然后再取油样。

(3) 换油时，先排尽油室及排油管中的污油，然后再用合格绝缘油冲洗。注油后应静止一段时间，直至油中气泡全部逸出为止。若带电滤油，则应终止分接变换，其油流控制器或气体继电器应暂停接跳闸，同时应遵守带电作业的有关规定，采取措施确保油流闭路循环，控制适当的油流速度，防止空气进入或产生危及安全运行的静电。

(4) 当怀疑分接开关油室因密封缺陷渗漏，致使分接开关油室油位异常升高、降低或变压器本体绝缘油乙炔气体含量超标时，应停止分接开关的分接变换，调整油位，从分接开关油位观察和本体油同期性油色谱试验方面进行跟踪分析。

(5)切换开关吊芯一般应在整定工作位置进行。应重点检查全部紧固件的紧固情况，检查动静触点接触面的磨损程度和镀层剥落情况，并测量动、静触点的接触电阻和过渡电阻的电阻值，并检查过渡电阻有无过热及断裂现象。

(6)在拆动分接开关垂直转轴前，要求预先设置在整定工作位置；复装连接仍应在整定工作位置进行。凡是电动机构和分接开关分离复装后，均应做连接校验。

2.5 非电量问题导致变压器跳闸

非电量保护就是指由非电气量反映的故障动作或发信的保护，一般是指保护的判据不是电量(电流、电压、频率、阻抗等)，而是非电量，如瓦斯保护(通过油速整定)、温度保护(通过温度高低)、防爆保护(压力)、防火保护(通过火灾探头等)、超速保护(速度整定)等。当变压器内部或外部因为种种原因引起这些非电量保护误动作，变压器就会跳闸，造成损失，因为变压器本体制造技术日趋成熟，本体缺陷发生率日渐下降，非电量保护产生的跳闸在变压器跳闸事故中的占比渐渐呈上升趋势，不得不引起重视。

非电量保护主要包括以下形式。

1. 瓦斯保护

瓦斯保护是变压器油箱内绕组短路故障及异常的主要保护。其作用原理为：变压器内部故障时，在故障点往往伴随有电弧的短路电流，造成油箱内局部过热并使变压器油分解、产生气体(瓦斯)，进而造成喷油、冲动瓦斯继电器，瓦斯保护动作。

瓦斯保护分为轻瓦斯保护及重瓦斯保护两种。轻瓦斯保护作用于信号，重瓦斯保护作用于动作跳闸或切除变压器。

(1)轻瓦斯保护。轻瓦斯保护继电器由开口杯、干簧触点等组成。运行时，继电器内充满变压器油，开口杯浸在油内，处于上浮位置，干簧触点断开。当变压器内部发生轻微故障或异常时，故障点局部过热，引起部分油膨胀，油内的气体被逐出，形成气泡，进入气体继电器内，使油面下降，开口杯转动，使干簧触点闭合，发出信号。

(2)重瓦斯保护。重瓦斯保护继电器由挡板、弹簧及干簧触点等构成。当变压器油箱内发生严重故障时，很大的故障电流及电弧使变压器油大量分解，产生大量气体，使变压器喷油，油流冲击挡板，带动磁铁并使干簧触点闭合，作用于切除变压器。应当指出的是，重瓦斯保护是油箱内部故障的主保护，它能反映变压器内部的各种故障。当变压器少数绕组发生匝间短路时，虽然故障点的故障电流很大，但在差动保护中产生的差流可能不大，差动保护可能拒动。此时，靠重瓦斯保护切除故障。

2. 压力保护

压力保护也是变压器油箱内部故障的主保护。其作用原理与重瓦斯保护基本相同，但它是反映变压器油的压力的。压力继电器又称为压力开关，由弹簧和触点构成。置于变压器本体油箱上部。当变压器内部故障时，温度升高，油膨胀压力增高，弹簧动作带动继电器动触点，使触点闭合，切除变压器。

3. 温度及油位保护

当变压器温度升高时，温度保护动作发出告警信号。油位是反映油箱内油位异常的保护。运行时，因变压器漏油或其他原因使油位降低时动作，发出告警信号。

4. 冷却器全停保护

为提高传输能力，对于大型变压器均配置有各种冷却系统。在运行中，若冷却系统全停，则变压器的温度将升高。若不及时处理，则可能导致变压器绕组绝缘损坏。冷却器全停保护在变压器运行中冷却器全停时动作。其动作后应立即发出告警信号，并经长延时切除变压器。

2.5.1 非电量问题引起跳闸的原因

(1) 非电量保护设计裕度偏低导致运行时正常产生的振动会造成跳闸。

(2) 变压器内部非电量相关组附件故障，如油泵故障导致油流速过快，让瓦斯保护误以为油中有大量的气体生成，因此造成非电量保护动作。

(3) 非电量保护本身硬件软件故障，造成信号误传。

(4) 运维人员专业能力欠缺，如对异常信号不敏感导致情况恶化形成跳闸，或者试验人员操作不规范导致跳闸。

2.5.2 非电量问题引起变压器跳闸的案例分析

1. 220kV 某变电站 220kV 2 号主变跳闸

1) 故障情况说明

2017 年 8 月 28 日 20 时 53 分 14 秒，220kV 某变电站 220kV 2 号主变冷却器全停动作，20 时 53 分 50 秒，220kV 2 号主变冷却器 PLC 故障或控制电源故障动作。21 时 53 分 14 秒，220kV 2 号主变保护动作跳闸。设备型号为 SFPSZ9-180000/220GYW，投运日期为 2007 年 3 月 10 日。

2) 故障检查情况

经现场检查，发现 220kV 2 号主变三侧断路器跳闸，220kV 2 号主变冷却器全停，220kV 2 号主变风冷控制箱内一路交流电源进线工作、二路交流电源进线备用，风冷控制系统 PLC 液晶显示屏显示冷却器模式自动轮换、1 号热继动作、1 号油流故障、4 号油流故障、2 号油流故障、4 号热继动作、2 号热继动作、冷却器全停故障、风冷全停出口告警信息，检查发现 1 号、2 号、4 号风冷分控箱内热偶继电器动作。其他相关一、二次设备检查无异常。

(1) 220kV 2 号主变保护动作情况。220kV 某变电站 220kV 2 号主变为强迫油循环主变，冷却器全停经延时跳主变三侧断路器，逻辑原理图如图 2.207 所示。

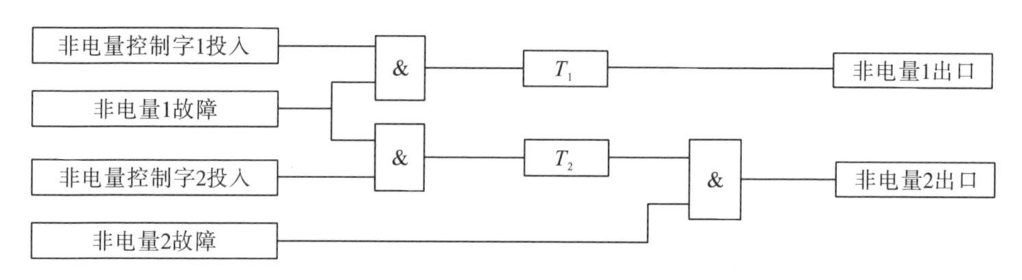

图 2.207 冷却器全停逻辑原理图

图 2.207 中，非电量 1 为冷却器全停开入量，非电量 2 为主变油温 75℃接点，T_1 为 60min，T_2 为 20min，即当冷却器全停时，如果主变油温不超过 75℃，则延时 T_1(60min) 跳闸，主变油温超过 75℃延时 T_2(20min) 跳闸。

220kV 某 220kV 2 号主变风冷系统冷却器全停跳闸由风冷控制箱内 PLC 提供风冷全停信号给 220kV 2 号主变非电量保护装置，非电量保护装置经延时及温度判断后跳闸。220kV 2 号主变非电量保护装置 20 时 53 分 12 秒收到冷却器全停开入信号，主变油温 44.7℃(不超过 75℃)，冷却器全停延时 60min 跳闸。220kV 2 号主变电气量保护未动作，无其余非电量保护信号。

(2) 冷却器全停动作分析。

按照 PLC 时间设置，2 号主变风冷控制系统于 8 月 28 日 20 时 50 分 16 秒进行冷却器模式自动轮换，自动切换两路交流进线，模式轮换后相继出现 1 号、4 号、2 号热继动作、油流故障告警，如图 2.208 所示，1 号、4 号、2 号组冷却器停止工作。

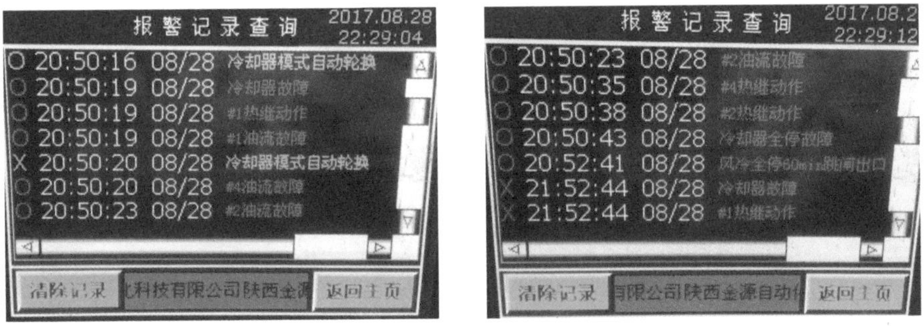

图 2.208　PLC 告警记录

冷却器模式自动轮换前，1 号、2 号、3 号、4 号、5 号冷却器分别工作于“工作”“备用”“辅助”“工作”“辅助”模式，如图 2.209 所示，1 号、4 号、2 号冷却器相继停止工作，“辅助”冷却器达不到启动条件(温度超过 55℃或主变过负荷)，所有冷却器停止运行，PLC 控制器发出冷却器全停故障信号，同时接通接点至 220kV 2 号主变非电量保护装置。

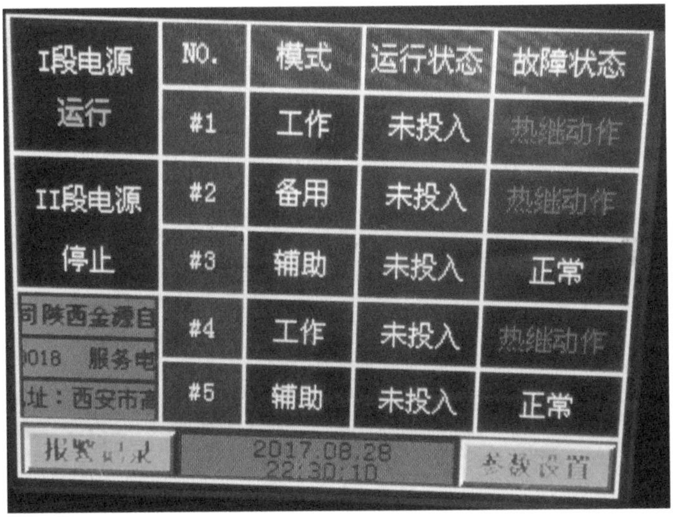

图 2.209　冷却器工作模式

(3) 分段刀闸情况分析。220kV 2 号主变风冷控制系统交流回路连接示意图如图 2.210 所示。

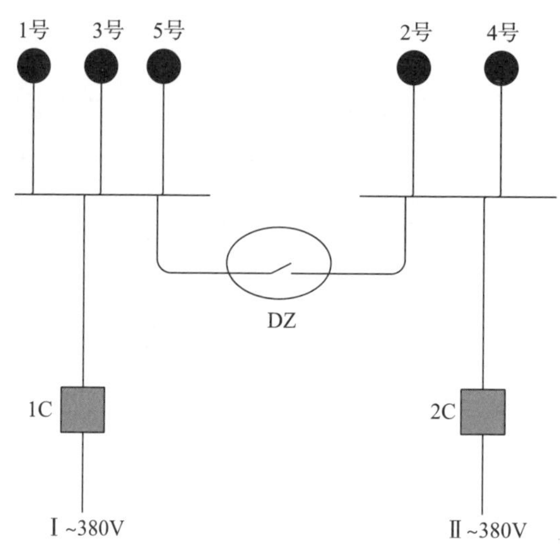

图 2.210　风冷控制系统交流回路连接示意图

220kV 2 号主变跳闸后现场检查风冷控制系统Ⅰ路交流进线工作(接触器 1C 吸合)，Ⅱ路交流进线备用(接触器 2C 未吸合)，检查交流电源时发现分段刀闸两侧电压不一致，左侧(Ⅰ路交流进线侧)三相电压分别为 215V、216V、216V，右侧(Ⅱ路交流进线侧)三相电压分别为 35V、216V、216V，分段刀闸两侧 A 相电压不一致，检查分段刀闸 A 相接触不良。处理前后分段刀闸位置对比如图 2.211 所示。

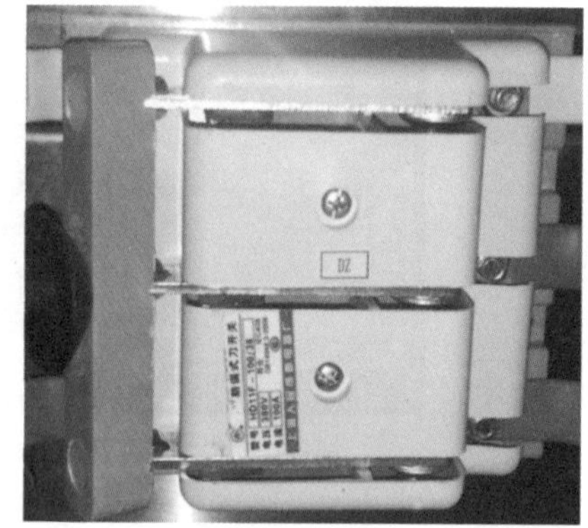

图 2.211　分段刀闸位置对比

220kV 2 号主变风冷控制箱大修后，分段 DZ 刀闸在合位，电源切换及风机启停等各项试验正确。

因分段 DZ 刀闸 A 相静触点底部夹紧力过大，在合上刀闸时 A 相刀闸动触点插入深度不够，动、静触点未能完全接触，导致运行过程中因静触点底部夹紧力过大，一直对 A 相动触点施加一个等效向外的推力，如图 2.212(a)中红色箭头所示，B、C 两相刀闸位置静触点受力如图 2.212(b)所示。

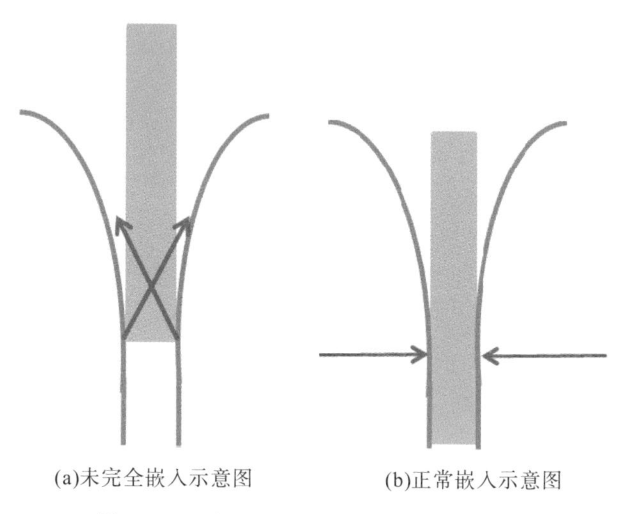

(a)未完全嵌入示意图　　(b)正常嵌入示意图

图 2.212　分段刀闸动、静触点位置示意图

运行一段时间后 A 相动触点逐渐被推至刀口边缘，当Ⅰ、Ⅱ路交流进线自动切换时，接触器切换引发的震动导致 A 相刀闸接触不良。2 时 20 分左右对其余主变风冷汇控箱分段 DZ 刀闸进行排查并测量两端电压均正常，观测刀口嵌入度均在正常位置。判断 1 号主变分段 DZ 刀闸存在质量问题，A 相过紧造成夹紧力过大。

(4)热偶继电器动作分析。220kV 2 号主变风冷控制系统两路交流进线轮换，切换时接触器震动导致 A 相刀闸接触不良。

如图 2.210 所示，交流进线轮换后由Ⅱ路交流供电，工作模式下的 1 号冷却器电源由Ⅱ路交流进线经 2C 接触器、分段刀闸供电，因 A 相刀闸触点接触不良，经刀闸后的 A 相电压降低为 35V，使 1 号冷却器风扇电机缺相引起热偶继电器动作，1 号冷却器停止工作。1 号工作模式冷却器停止工作后，自动启动备用冷却器(2 号冷却器)，同时发出工作冷却器故障信号，PLC 监测到自动轮换后出现冷却器故障，判断为轮换不正常，自动将交流进线切换到Ⅰ路交流进线供电。

1 号、2 号、4 号共计 3 组工作及备用模式的冷却器停止工作，辅助模式的 3 号、5 号冷却器不满足启动条件(油温达到 55℃启动辅助冷却器，实际温度为 44.7℃)，造成冷却器全停。

3)故障原因分析

(1)事件直接原因。220kV 某变电站 220kV 2 号主变冷却器发出“冷却器全停”

信号，经 60min 延时后出口跳闸。

(2)间接原因。

①当值调控员未及时发现 220kV 某变电站 220kV 2 号主变“冷却器全停”信号。

②220kV 2 号主变冷却器电源分段刀闸 A 相接触不良。

2. 500kV 某变电站 2 号主变跳闸分析

1)故障情况说明

2014 年 3 月 16 日 20 时 4 分，某供电局 500kV 某 2 号主变完成预防性试验后，在对其进行充电操作过程中，合 500kV 侧 5413 断路器对主变充电时，2 号主变本体重瓦斯动作，5413 断路器跳闸。设备型号为 ODFS-250000/500GY。

2)故障检查情况

(1)现场检查情况。

①现场保护装置检查情况。2 号主变本体保护装置 B 相本体重瓦斯动作红灯亮，保护装置自检报告内发出 B 相重瓦斯动作及其复归信号。并经现场确认为 2 号主变本体 B 相重瓦斯动作跳 5413 断路器。

②变压器本体检查情况。经查本体瓦斯继电器内无气体，接点良好，二次接线无受潮情况，跳闸及其信号回路无接地和短路现象，非电量保护装置动作符合动作逻辑；变压器套管及油枕油位正常，B 相本体靠油枕侧压力释放阀下方有油迹，如图 2.213 所示。经查压力释放阀的法兰连接处有渗漏油(压力释放阀未动作)，怀疑为压力释放阀法兰密封垫密封性能不良导致。

图 2.213 渗油痕迹

③故障录波检查情况。对 3 月 16 日变压器合闸冲击送电时的故障录波图进行分析，发现变压器公共绕组 B 相的励磁涌流明显大于 A、C 两相，B 相二次电流峰值达到 1.05A(变比为 2500/1A)，一次绕组电流达 2625A。

需要说明的是，3 月 17 日变压器在检查无异常后再次投入运行时，高压侧合闸励磁涌流较 3 月 16 日投入运行时小，3 月 16 日和 3 月 17 日变压器高压侧合闸励磁涌流分别如图 2.214 和图 2.215 所示。

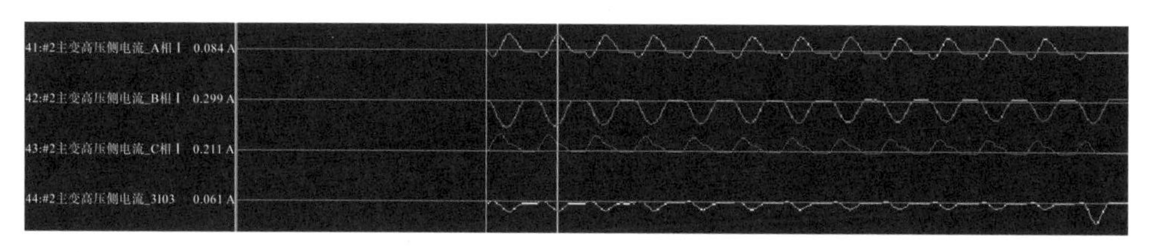

图 2.214　3 月 16 日变压器高压侧合闸励磁涌流

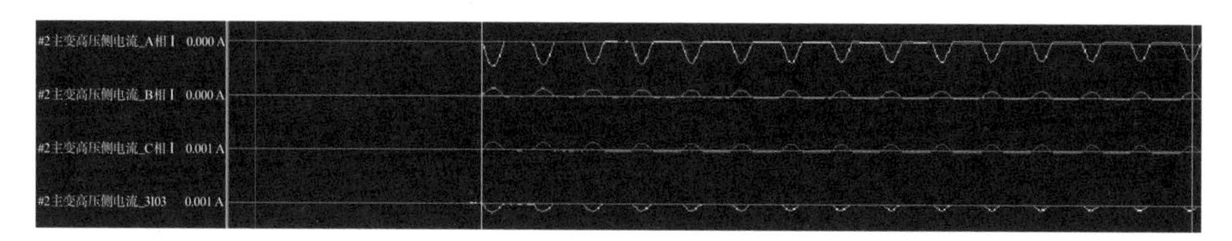

图 2.215　3 月 17 日变压器高压侧合闸励磁涌流

(2)试验情况。本体油及 B 相瓦斯继电器油色谱分析。500kV 2 号主变 A、B、C 三相本体底部和 B 相瓦斯继电器油色谱分析结果与故障前最近一次分析结果差异很小，其中乙炔为零。

3)故障原因分析

综合以上分析，认为本次主变重瓦斯动作跳闸是由励磁涌流较大，引起油流速度增大导致的。

第3章 电压互感器典型故障案例分析

3.1 电容式电压互感器故障

3.1.1 早期内部装有MOA的电容式电压互感器缺陷

近年来，某厂产的电容式电压互感器(CVT)在运行中出现了多次二次回路无电压显示情况，后经检查均为电容式电压互感器的电磁单元故障。经与厂家确认，由于早期CVT技术的局限性，当时CVT行业普遍采用在CVT中间变压器的一次侧加避雷器的方式限制CVT中电磁单元铁磁谐振时电磁单元一次侧的过电压幅值，以保护中间变压器并有效阻尼铁磁谐振。在1996—2000年间部分CVT产品装有金属氧化物避雷器(metal oxide arrester，MOA)。但之后随着技术发展，CVT的暂态性能得到较大改善，同时速饱和电抗器技术的应用成熟使得CVT在取消避雷器后，过电压幅值仍然能够限制在中间变压器及相应部件所能承受的范围内，因此桂林电容器有限责任公司2000年以后才完全取消了中间变压器上并联的避雷器。

1. 运行中的异常情况

2010年1月10日 4时49分某220kVⅡ组母线B相TV B相电压二次侧无输出，经检查试验，发现220kVⅡ组母线B相TV一次侧内部故障，将故障TV更换为同批次同型号的TV后，试验合格。该设备由某电力电容器总厂制造，型号为TYD220/1.73-0.01H，投运日期为1997年2月24日。

2010年1月12日，220kV某220kVⅡ回283线路单相电压互感器试验时发现，一次侧加压至10kV，二次侧读数0.5V(低于正常值)；判断TV已损坏。该互感器型号为TYD220/$\sqrt{3}$-0.05GH，投运日期为1997年12月。

2011年10月29日，220kV某110kVⅠ组母线TV保护、计量二次电压指示异常(A相对地1.56V)，之后将110kVⅠ、Ⅱ组母线TV二次并列后电压恢复正常。之后修试所对其进行了试验，发现110kVⅠ组母线TV A相电磁单元无法摇起绝缘。该TV型号为TYD110/$\sqrt{3}$-0.02H，投运日期为1999年7月18日。

以上CVT的缺陷表现形式为二次回路无电压显示、电压异常，其CVT电磁单元均装有MOA。

2. 带避雷器的 CVT 损坏原因

CVT 的二次电压消失是由内部的避雷器击穿所致的。避雷器的损伤包括电损伤和热损伤。电损伤主要是避雷器阀片外表面绝缘放电和击穿，热损伤主要是阀片内部发热和阀片间接触电阻发热，引起阀片炭化，形成电弧通道，最后造成不可逆的热击穿。

避雷器失效的原因包括正常运行时的损伤和过电压运行时的损伤。避雷器是非线性元件，正常运行时，避雷器呈高阻态，电流为微安级，发热的功耗极小；有较高过电压时，避雷器呈低阻态，电流为毫安级至安培级，功耗明显增大，避雷器阀片发热明显增加，因此，过电压运行时的损伤对避雷器的使用寿命起决定性作用。避雷器的损伤有累积效应，剩余使用寿命与避雷器已有的损伤情况有关。

3.1.2　某变电站 500kV 电容式电压互感器电容击穿异常

1. 故障情况说明

500kV 某变电站运行人员在交接保护装置时发现 500kV Ⅰ、Ⅱ段母线失灵保护屏Ⅱ段母线复合电压继电器 3U0 灯亮。该型互感器由 4 节耦合电容器串联组成，耦合电容器型号为 OWF125/$\sqrt{3}$ -0.02H。

2. 故障检查情况

(1) 试验检查。现场测量了二次电压值，如表 3.1 所示。

表 3.1　二次电压值　单位：V

测量电压	U_{an}	U_{bn}	U_{cn}	U_{ln}
二次电压值	62.3	65.5	62.3	5

从测试的结果来看，B 相电压互感器测得二次电压偏高，A、C 两相测试结果正常。

为了进一步查找原因，对耦合电容器开展电容值测量和介质损耗试验时，发现上数第二节电容器电容值异常，实测值为 25539pF，较铭牌值 20138pF 增大了 26.82%。

(2) 解体检查。解体检查发现第二节电容器有十几个电容元件发生绝缘击穿，如图 3.1 所示，击穿元件在高度分布上为上部、下部偏多。

图 3.1 第二节电容器发生绝缘击穿

3. 故障分析

经以上检查发现，上数第一、三、四节耦合电容器，互感器一、二次绕组均正常；第二节电容器有十几个电容元件发生绝缘击穿，导致第二节电容器电容变大。由于中压电容不变，互感器变比变小，导致二次电压偏高，因此测得 B 相二次电压偏高。

3.1.3 某变电站 220kV 电容式电压互感器制造工艺不良

1. 故障情况说明

某供电公司 220kV 某变电站分为 220kV、110kV 和 10kV 3 个电压等级，其中 220kV、110kV 为双母线接线，10kV 为单母线分段接线。运行人员在监控机上发现该变电站 220kV Ⅰ段母线 B 相电压异常，故障发生时，220kV、110kV 的母线并列运行，10kV 母线分段运行。设备型号为 TYD220/$\sqrt{3}$-0.01H，投运日期为 2006 年 4 月。

2. 故障检查情况

(1) 现场检查情况。运行人员在监控机上发现该变电站 220kV Ⅰ段母线 B 相电压异常，后台监控机显示的 220kV Ⅰ、Ⅱ段母线电压如表 3.2 所示。

表 3.2　监测电压　单位：kV

相别	A 相	B 相	C 相
Ⅰ段母线监测电压	134.78	136.35	134.01
Ⅱ段母线监测电压	134.78	134.14	134.01

由于 220kV Ⅰ、Ⅱ段母线并列运行，且当天该站各出线线路均无异常，三相负荷均衡，因此初步判断 220kV Ⅰ母线的 B 相异常。

(2) 试验检查情况。对 220kV Ⅰ段母线的 B 相开展绝缘电阻、介损电容量及变比测试，试验数据如表 3.3～表 3.5 所示。

表 3.3　绝缘电阻　单位：MΩ

测试部位	C11 (极间)	C12+C2 (极间)	中间变压器 (对地)
绝缘电阻	10000	11000	8500

表 3.4　介损测试结果

测试部位	C11	C12+C2	C2
出厂电容/pF	20430	20550	98600
电容 (C_x) 本次值/pF	21240	20430	98840
电容 (C_x) 上次值/pF	20460	20440	—
介损测试 ($\tan\delta$) 本次值/%	0.206	0.085	0.1
介损测试 ($\tan\delta$) 上次值/%	0.10	0.04	—

表 3.5　变比测试结果

测试部位	AX/1a1n	AX/2a2n	AX/dadn
额定变比	2200	2200	1270
变比测试值	2164	2164	1249
变比差 (%)	-1.64	-1.64	-1.64

(3) 解体检查。对该 220kV Ⅰ段母线的 B 相上节电容单元进行解体检查，发现该电容单元电容屏多处出现放电击穿，如图 3.2 所示。

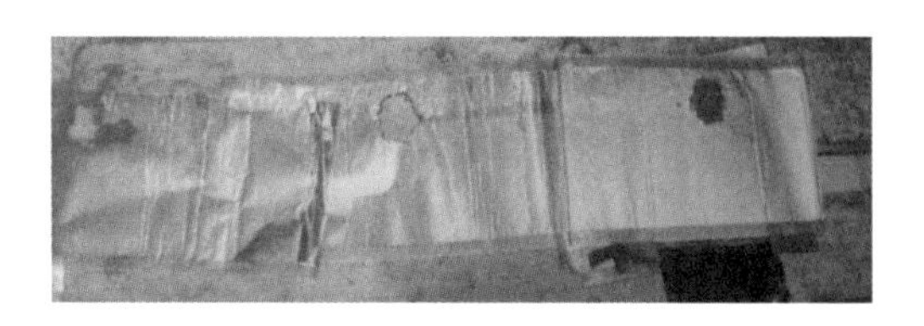

图 3.2　电容器解体电容屏击穿图

3. 故障原因分析

220kV Ⅰ段母线的B相由于上节电容单元电容屏多处出现放电击穿，导致C11电容量异常增大，变比异常减小1.64%。造成该现象的主要原因是该电容屏压制不平整，卷制工艺不佳，内部有多处空隙、褶皱。

3.2 电磁式电压互感器故障

3.2.1 融冰整流变阀侧电磁式电压互感器故障

1. 故障情况说明

新建220kV融冰工程于2018年2月7日开展OLT(空升试验)，升压至34kV时，220kV融冰变压器低压侧Y绕组和D绕组6支电磁式电压互感器发生故障。产品型号为IDZX16-35，额定电压为19kV，出厂编号为2392S6-1～2392S6-6。

2. 故障检查情况

(1)外观检查。220kV融冰整流变阀侧Y绕组及D绕组的B相和C相底座炸裂(图3.3)，换流变阀侧Y绕组及D绕组的A相鼓包(图3.4)，万用表测试内部熔丝熔断。

图3.3 换流变阀侧电磁式电压互感器底座炸裂

图 3.4　换流变阀侧电磁式电压互感器鼓包

(2) 谐波分析。OLT 直流电压输出 30kV 时波形采用 FFT(快速傅里叶变换)展开后得出换流变 YY 和 YD 侧的 THD(谐波失真率)为 66.55%和 66.61%，尤以二、三、四次谐波为主，且随着直流电压的增加而增加。

直流 30kV 下阀侧 Y 绕组。调取换流变阀侧 Y 绕组 A 相电压的 FFT 分析结果，THD 为 66.55%(注：采样频率为 2000Hz，最大分析到 19 次谐波)，如图 3.5 所示。

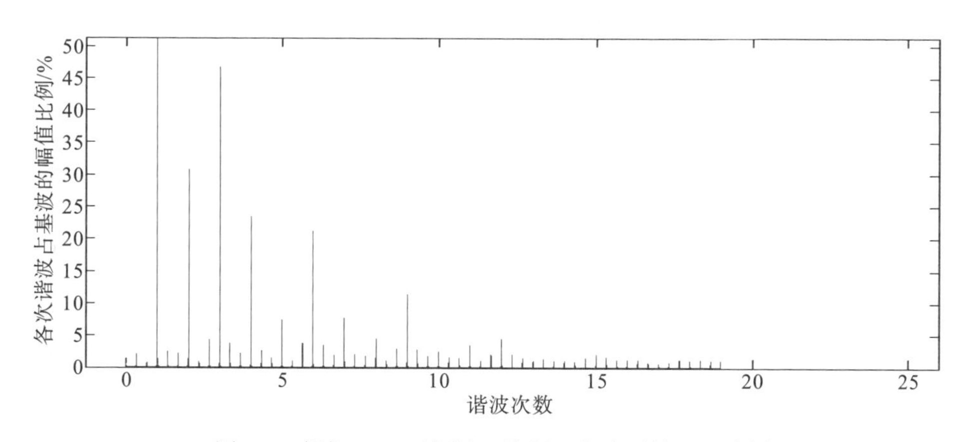

图 3.5　直流 30kV 下阀侧 Y 绕组 A 相电压的 FFT 分析

直流 30kV 下阀侧 D 绕组。调取换流变阀侧 D 绕组 A 相电压的 FFT 分析结果，THD 为 66.61% (注：采样频率为 2000Hz，最大分析到 19 次谐波)，如图 3.6 所示。

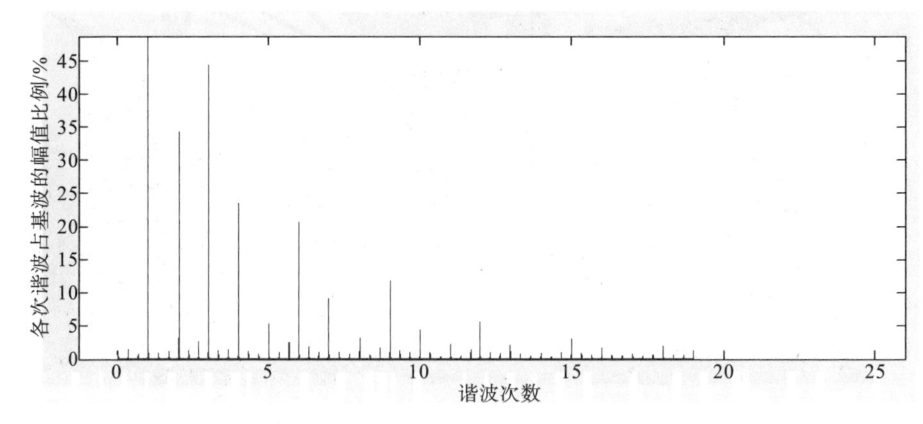

图 3.6　直流 30kV 下阀侧 D 绕组 A 相电压的 FFT 分析

3. 故障原因分析

分析认为本次电磁式电压互感器故障的原因为晶闸管导通和关断输出直流产生的持续高频谐波激发了电磁式电压互感器的铁磁谐振，且现场未安装一次消谐器进行阻尼，使铁芯饱和产生一次绕组过电流，最终导致电磁式电压互感器熔丝熔断后故障停运。

3.2.2　某变电站 10kV 电磁式电压互感器匝间短路缺陷

1. 故障情况说明

2016 年某变电站 10kV Ⅰ 段母线 B 相测量电压出现异常，通过现场初步检查试验发现 B 相电压互感器励磁特性试验数据出现异常，判定该电压互感器存在故障缺陷，随即退出运行。该电磁式电压互感器型号为 JDZXF71-12，一次额定电压为 $12\sqrt{3}$ kV，二次绕组分别为 1a1n、2a2n 和 dadn。

2. 故障检查情况

试验人员对退出运行的原电压互感器进行了全面诊断试验分析，试验内容及结果如下。

(1) 一、二次绕组绝缘电阻测试。A、B、C 三相绝缘电阻试验数据均合格。

(2) 一、二次绕组直流电阻及变比测试。B 相一次绕组直流电阻值明显小于非故障相 A、C 两相；二次绕组直流电阻值 A、B、C 三相之间无明显差异；B 相实测变比稍小于非故障相 A、C 两相。

(3) 励磁特性试验。B 相各二次绕组励磁电流很大，励磁电压无法升高。A、C 两相励磁特性拐点电压约为 1.0 U_m/1.732。远不满足 1.9 U_m/1.732（中性点非有效接地系统)的要求。

(4)解体检查。对故障电磁式电压互感器进行了解体，发现该电磁式电压互感器一次绕组的固体绝缘介质(绝缘纸、漆包线等)有明显的发热烧损现象。

3. 故障原因分析

由于 B 相二次绕组直流电阻值正常，一次绕组直流电阻值变小，通过直阻试验判定 B 相电磁式电压互感器一次绕组存在层间或匝间短路，如图 3.7 所示。当一次绕组短路时，将在一次绕组内部形成绕组闭环，对二次绕组施加励磁电压将在一次绕组内部形成的绕组闭环中产生环流，一次侧无法感应出高压，致使励磁特性试验中出现二次绕组励磁电压很小、励磁电流却很大的情况。

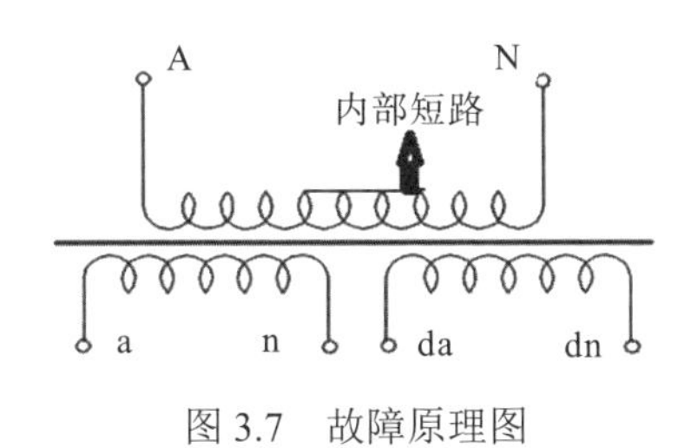

图 3.7　故障原理图

(1)一次绕组绝缘材料存在质量不良或工艺缺陷(如绕组绝缘漆内存在微小气泡或间隙)，在一次绕组中层部位出现层间、匝间绝缘薄弱点，导致绝缘材料老化加剧，绝缘强度降低，最终发生层间、匝间局部短路。这是该电磁式电压互感器一次绕组短路故障的主要原因。

(2)通过非故障相 A、C 两相的励磁特性试验数据可知，该组电磁式电压互感器的拐点电压为 1.0 U_m/1.732，远不满足 1.9 U_m/1.732(中性点非有效接地系统)的要求。在额定运行电压下，电磁式电压互感器铁芯就已趋向于饱和，致使铁芯长期过载发热，通过热传递至一次绕组，导致一次绕组的绝缘薄弱点绝缘热老化加剧，对一次绕组的层间、匝间短路起到了一定的促进和加剧作用。

(3)可能出现电磁式电压互感器与一次侧熔断器配合不当的情况，熔断器的熔断电流值过大，造成电磁式电压互感器在遭遇系统谐振过电流冲击时，熔断器不能有效熔断保护电磁式电压互感器，一次电流过大造成一次绕组层间及匝间短路。

第 4 章 电流互感器典型故障案例分析

4.1 正立电流互感器典型故障

4.1.1 某变电站 500kV 油浸式电流互感器内部放电故障

1. 故障情况说明

某变电站一台 500kV 油浸式电流互感器(正立式)(LB3-500W1 型)在投运后 1 个月进行油色谱跟踪分析时发现，油中 H_2 增大，尽管工厂认为可能是设备材质造成的，变电站仍决定缩短试验周期，进行跟踪监视。

2. 故障检查情况

(1) 带电检测情况。4 月 15 日和 4 月 30 日油色谱跟踪分析发现，H_2 含量接近注意值，达到 133.9μL/L，当年 9 月 10 日油色谱跟踪分析发现，H_2 含量达到 9644.5μL/L，甲烷含量达到 300.6μL/L，油中溶解气体含量历史检测情况如表 4.1 所示。初步判断互感器内部存在某种形式的局部放电，当即退出运行，进行检查。

表 4.1 油中溶解气体含量历史检测情况 单位：μL/L

试验日期	H_2	CO	CO_2	CH_4	C_2H_6	C_2H_4	C_2H_2	总烃
第一次	133.9	23.3	225.8	3.7	0.2	0.3	0	4.2
半月后	122.4	32.5	163.5	7.78	5.23	0.56	0.1	13.67
半年后	9644.5	53.7	182.1	300.6	17.98	0.75	0.14	319.47

(2) 停电检查情况。经与厂家人员共同进行外观检查和绝缘试验，未见异常。返厂后，对互感器进行全项试验，局部放电量为 300pC，介损值为 0.355%，电容量为 1277.7pF。根据局部放电量的增大和放电波形分析认为，器身内部存在局部放电现象。

解体检查发现，一次线圈 L2 端内侧第 3 主屏第一端屏绝缘层表面，有一处直径约为 75mm 的焦煳区域，如图 4.1 所示。位置大约在下部向上直线部分 1100mm 处。此焦煳区域向内逐渐深入，直径逐渐缩小，在第 2 主屏第 2 端屏绝缘层处痕迹消失。经现场实测，电容屏绝缘包扎与设计图纸要求相差 3～4mm。

图 4.1　绝缘层表面的焦煳区

3. 故障原因分析

由于该互感器一次线圈电容屏包扎较设计值厚，在包扎中出现局部包扎松弛缺陷，使电容屏绝缘层间出现微小空隙，屏间的绝缘结构为：油－纸绝缘变为油－纸－气隙绝缘结构，使场强发生了畸变，出现了局部高场强区并发生局部放电，甚至发展成屏的击穿，局部放电产生了大量氢气。

4.1.2　某变电站 220kV 电流互感器零屏引出线根部绝缘破损

1. 故障情况说明

2017 年 3 月，在对一组刚投运一年(型号为 LB-220)的 220 kV 电流互感器进行首次例行试验时，发现 A 相电流互感器油中 H_2、C_2H_2 和总烃气体含量均远远高于标准要求的注意值 220kV 及以下电流互感器(即 $H_2 \leqslant 300\mu L/L$，$C_2H_2 \leqslant 2\mu L/L$，总烃 $\leqslant 100\mu L/L$)，B 相和 C 相电流互感器中气体含量均在标准规定注意值以内，如表 4.2 所示。

表 4.2　油中溶解气体检测数据　单位：μL/L

相别	H_2	CH_4	C_2H_4	C_2H_6	C_2H_2	CO	CO_2	总烃
A 相	4190	602.1	751.1	87.3	2227.8	22	136	3668.3
B 相	22	0.7	0.2	0.1	0.2	12	1	1.2
C 相	19	0.8	0.3	0.1	0.2	37	176	1.4

2. 故障检查情况

(1)电气试验。发现异常后对该电流互感器进行局部放电试验、电气试验前后介损值及电容量检测、绝缘油检测分析。试验数据如表 4.3～表 4.5 所示。

表 4.3 电气试验前后电容量及介损值检测

测试参数	电容值/Pf	介损值/%
出厂值	1119	0.353
电气试验前	1197	0.350
电气试验后	1199	0.342

表 4.4 局部放电测量

测量电压/kV	局部放电量/pC
174	4
252	8

表 4.5 绝缘油检测试验数据

组分	H_2	CH_4	C_2H_4	C_2H_6	C_2H_2	CO	CO_2	总烃
试验前/(μL/L)	3588	629.2	885.1	112.0	2367.1	23	141	3993.4
试验后/(mg/L)	3940	658.6	928.0	114.6	1822.3	26	238	3523.5
油中水分含量		14.0			绝缘油击穿电压/kV		55.4	
绝缘油介质损耗因数/%		0.289						

(2)解体检查。解体发现位于一次绕组端部零屏引出线根部断裂，且在断裂处对应的一次导电杆上留有明显的碳黑沉积，在零屏引出线断裂处有明显烧蚀痕迹，该处绝缘及铜带明显被烧黑，将一次导电杆沉积的碳黑擦掉，可见碳黑下存在放电点，如图 4.2 和图 4.3 所示。

3. 故障原因分析

通过检查可以确认，此次故障是由零屏引出线根部绝缘破损引发的，由于零屏引出线根部绝缘破损，导致零屏引出线与导电杆两点接触形成短路回路(高阻短路)，负荷电流在短路环中产生感应电势(电流越大感应电势越高)，从而导致铜带

图 4.2　零屏引出线断裂

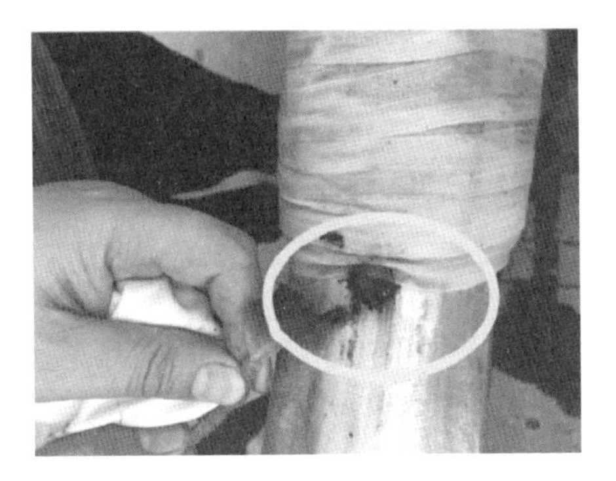

图 4.3　断裂的零屏引出线及碳黑

与一次导电杆之间开始产生低能量的火花放电。火花放电逐步发展成电弧放电，烧损铜丝编织带使绝缘炭化，并在对应的一次导电杆上形成电蚀点，使零屏引出线根部与邻近的一次导电杆直接接触；同时分解周围液体绝缘介质形成碳黑沉积在电蚀点上，使零屏引出线根部绝缘破损处通过碳黑与一次导电杆高阻短路，形成环流造成该处局部过热，导致油中过热性故障特征气体(甲烷、乙烯、乙烷)和氢气快速增长。

绝缘损坏是零屏引出线绝缘处理工艺不良导致的。零屏引出线过长，一旦出现绝缘损坏易产生较高的电势和环流。另外，引出线与一次导电杆端部除连接处固定于顶部端子盘上之外，其他部分没有固定，在长期运行中零屏引出线根部与一次导电杆摩擦导致该处绝缘损坏。

4.1.3　某变电站 220kV 电流互感器电容屏放电

1. 故障情况说明

某变电站 220kV 油浸式电流互感器于 2005 年 9 月 21 日投运，历次油色谱试验分析结果均正常，而 2013 年 4 月 24 日发现油中 H_2、CH_4 和 C_2H_6 的含量迅速增长，并有少量 C_2H_2 出现，检测数据如表 4.6 所示。随后立即对该设备进行停电检查。

2. 故障检查情况

(1)解体前试验。对该设备进行 10kV 电压下的介质损耗试验时发现，其介损值达到 0.693%，虽然不超过规程规定的 0.7%，但与之前的 0.346%相比，增大明显。由于电容量无明显变化，设备一次和末屏的绝缘电阻均在 10000MΩ 以上，基本可以排除设备浸水受潮的缺陷，初步分析认为内部存在绝缘劣化。

表 4.6　历年油色谱试验数值　　单位：μL/L

日期	H_2	CO	CO_2	CH_4	C_2H_6	C_2H_4	C_2H_2	总烃
2005 年 9 月 21 日	42.11	66.6	380.24	2.67	3.74	0	0	6.41
2007 年 11 月 5 日	39.87	114.72	392.11	2.87	0.2	0	0	3.07
2009 年 12 月 21 日	52.2	228.82	805.8	6.31	1.52	0	0	7.83
2013 年 4 月 24 日	18848	223.7	725.73	1374.44	937.12	3.34	5.04	2319.94

为进一步确定该设备内部缺陷情况，对该设备进行额定电压下的介质损耗试验和局部放电试验，试验结果如图 4.4 和表 4.7 所示。

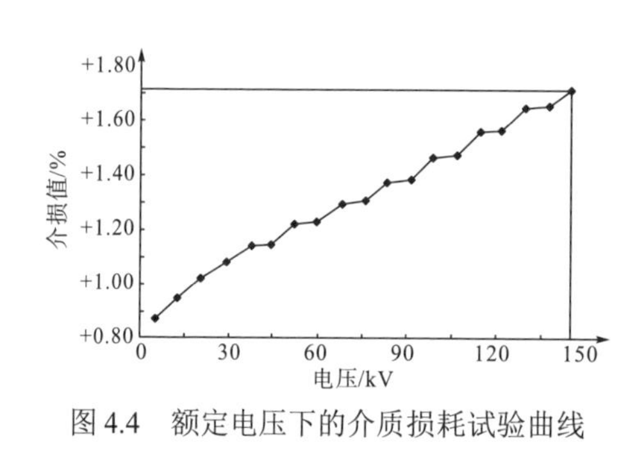

图 4.4　额定电压下的介质损耗试验曲线

表 4.7　局部放电量试验数值

电压/kV	放电量/pC
71.5	34
90.8	52
110.7	70
131	80
151	131
174	177

良好的绝缘在进行高压介质损耗试验时，随着电压的升高，介损值不应有明显增大。该设备在进行高压介质损耗试验时，测量电压从 10kV 升高到 $U_m/3$(145kV)，介损增量达到 90.9%(规程要求不大于 0.2%)，且在 $U_m/3$ 电压下 $\tan\delta$ 达到 1.718%，远远超标。表 4.7 中局部放电试验结果显示，在 $1.2U_m/3$(174 kV)电压下局部放电量达到 177pC(规程要求不大于 20pC)。结合油色谱特征气体、额定电压下介质损耗试验数据和局部放电试验数据进行综合分析，认为该设备内部存在放电和过热性故障。

(2)解体检查。将故障设备进行解体检查后，发现电容屏有褶皱，包扎工艺不良，靠近 U 形弯处的电容屏锡箔纸存在有规则的孔洞。与电容屏紧贴的末屏连接板上出现放电痕迹，且与孔洞位置相对应，如图 4.5 所示。与电容屏距离较近的绝缘纸层间的绝缘油已分解，产生蜡状物质，如图 4.6 所示，并造成锡箔纸与绝缘纸粘连及绝缘纸之间粘连，绝缘纸已无法正常分离，如图 4.7 所示。

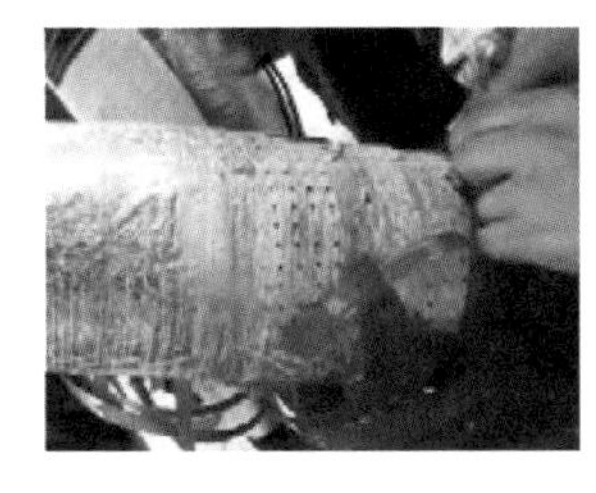
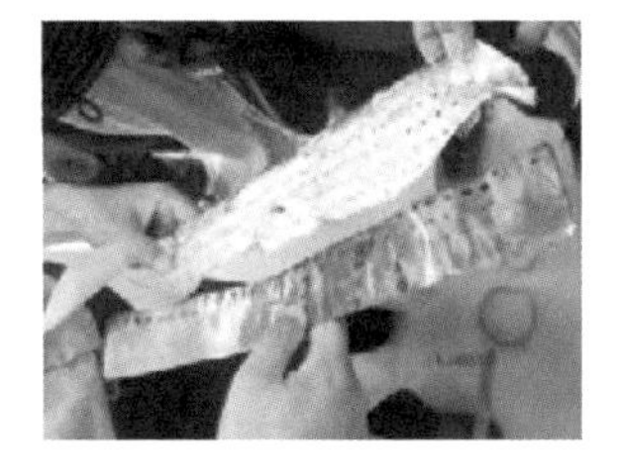

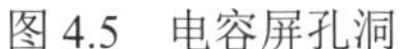
图 4.5　电容屏孔洞　　图 4.6　蜡状物　　图 4.7　锡箔纸与绝缘纸粘连

3. 故障原因分析

根据解体检查情况分析，造成该缺陷的原因主要为：产品在制造过程中，真空处理和电容屏绕包环节没有处理好，导致电容屏锡箔纸有褶皱现象，且锡箔纸有孔洞，造成在运行中孔洞附近电场畸变，最终造成绝缘劣化。

4.2　倒立电流互感器典型故障

4.2.1　某变电站 500kV 电流互感器雷击击穿

1. 故障情况说明

2011 年 11 月 2 日(雷雨天气)，某电厂 500kV 雨罗乙线、1 号母线保护动作跳闸，检查发现 500kV 第二串 5021 开关 B 相 TA 底座螺栓连接处有发黑痕迹，该电流互感器型号为 LVQHB-500W_2。

2. 故障检查情况

(1) 现场检查情况。现场检查发现 500kV 第二串 5021 开关 B 相 TA 底座螺栓连接处有发黑痕迹，如图 4.8 所示。对 B 相 TA 二次绕组进行绝缘检查时，绝缘值低于设备出厂及交接试验值，如表 4.8 所示。检查线路侧及 1 号母线避雷器，避雷器均无动作记录。

图 4.8　5021 开关 B 相 TA 底座有发黑痕迹

表 4.8　5021 开关 B 相 TA 二次绕组绝缘检查情况　　单位：MΩ

线端标志	1S11S3	2S12S3	3S13S2	4S14S2	5S15S2	6S16S2	7S17S2
对一次、二次绕组及地绝缘电阻	46000	459	72.8	217	38100	320	1180

注：试验电压均为 5kV(厂家要求)。

(2)解体检查情况。解体检查发现的异常情况如下。

①发现基座上一螺栓存在放电痕迹，如图 4.9 所示。

②发现二次接线盘上有灼烧灰尘，如图 4.10 所示。

③二次绕组屏蔽罩外观检查未发现异常，二次引线及线圈未发现异常。

④高压金属屏蔽与引线管之间的环氧树脂盆式绝缘子一侧表面发现大面积灼烧痕迹，其中高压端有两只螺帽金属屏蔽球被烧残脱落，如图 4.11 和图 4.12 所示。

⑤高压金属外屏蔽端部有弧光灼烧痕迹，如图 4.13 和图 4.14 所示。

图 4.9　基座上一螺栓存在放电痕迹

图 4.10　二次接线盘上有灼烧灰尘

图 4.11　盆式绝缘子侧表面灼烧痕迹

图 4.12　盆式绝缘子金属屏蔽球被烧残脱落

图 4.13　高压金属外屏蔽完好

图 4.14　高压金属外屏蔽端部被电弧灼烧痕迹

3. 故障原因分析

对解体观察到的环氧树脂盆式绝缘子表面的大面积灼烧痕迹进行分析。根据现场故障录波图和事故当时环境条件，事故现场有较强的雷电活动，在雷雨天气状况下造成 B 相 TA 内部盆式绝缘子表面闪络，导致故障跳闸，表明有雷击过电压侵入，而线路侧及 1 号母线避雷器均无动作记录，B 相 TA 内部盆式绝缘子(外购件)表面闪络表明该处绝缘强度较薄弱。

4.2.2　某变电站 220kV 电流互感器一次端子损坏故障

1. 故障情况说明

2017 年 4 月 25 日 21 时 14 分 38 秒，220kV 某变电站 220kV 2 号主变差动速

断保护动作跳闸，跳开 2 号主变三侧断路器，35kV Ⅱ 段母线失压。故障时有小雨。该 TA 型号为 LB7-220GYW2，出厂日期为 2004 年 6 月，投产日期为 2004 年 9 月 30 日。

2. 故障检查情况

1) 现场检查情况

(1) 外观情况。212 断路器 TA C 相故障后外观如图 4.15 所示，现场检查发现断路器 TA C 相上部瓷瓶炸裂，底部有烧损痕迹。

图 4.15　212 断路器 TA C 相故障后外观

烧损最严重部位为 P2 与 C2 之间的瓷瓶，并且 C2 的串联连接板脱落，连接的 4 颗螺丝崩断，如图 4.16 所示。

图 4.16　212 断路器 TA C 相故障后局部图

现场检查发现，212 断路器 TA C 相法兰位置有落弧点，落弧位置与 C2 端子对应，如图 4.17 所示。

图 4.17　212 断路器 TA C 相底部落弧点

(2) 故障录波图情况。现场检查保护故障录波情况如图 4.18 所示。220kV Ⅱ段母线 C 相电压突然降至 0V，电流突然增大。

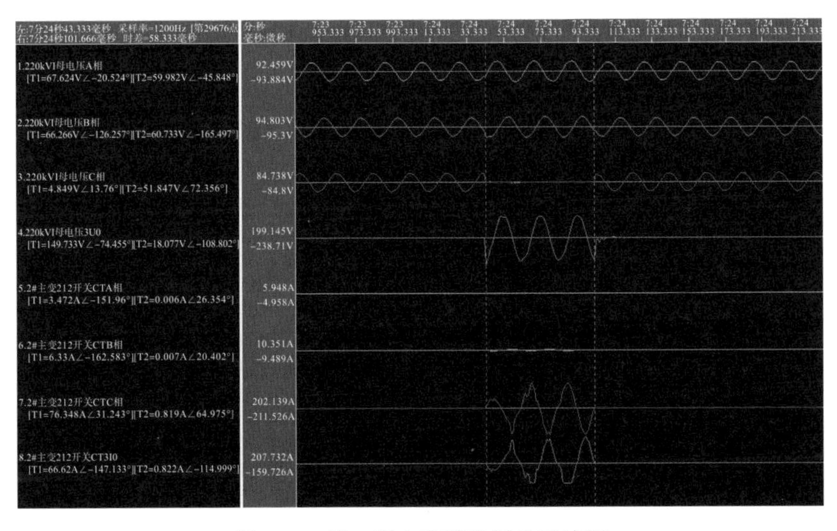

图 4.18　第一套主变差动保护录波图

需要说明的是，在主变差动保护动作之前，C 相电流出现了 10 多分钟的电流减半—恢复—再减半—再恢复的情况，典型波形如图 4.19 所示。

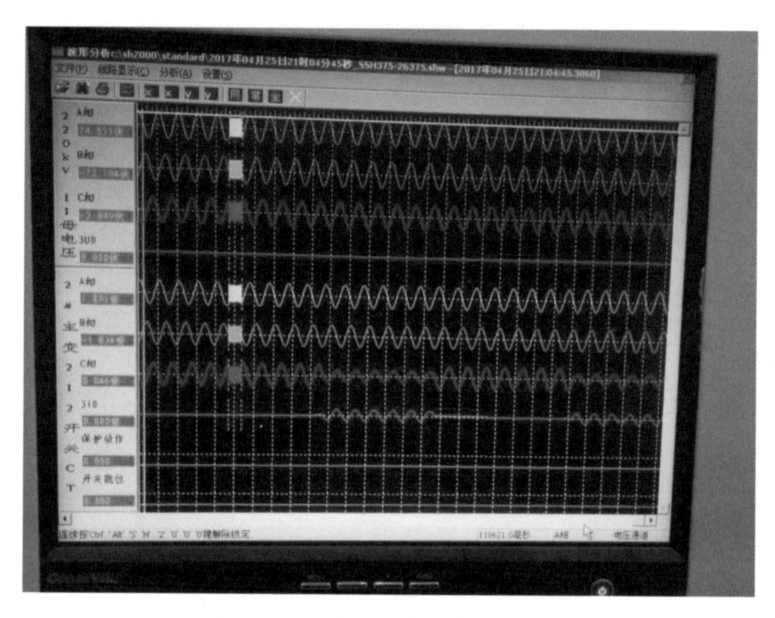

图 4.19　C 相电流典型的异常情况

(3)一次设备现场勘察情况。

①212 断路器 TA。现场检查发现该 TA 采用的是串联接法(除主变间隔之外，其他 3 组线路间隔采用并联方式)，现场接线方式是 C1、C2 通过短路环连接，P1 进线，P2 出线，接线示意图如图 4.20 所示。

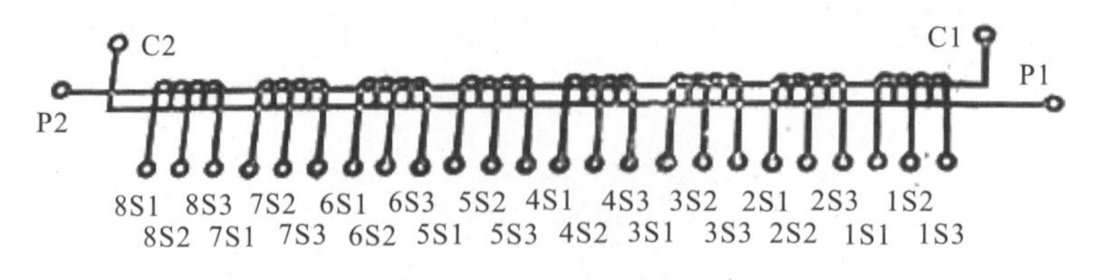

图 4.20　接线示意图

②避雷器动作情况。现场检查该间隔的避雷器动作次数分别为 A 相 11 次、B 相 11 次、C 相 8 次，现场查看运行巡视记录，3 月 8 日该间隔的动作次数分别为 A 相 11 次、B 相 11 次、C 相 8 次，表明故障发生时避雷器没有动作。

③操作及故障切除情况。现场核实在故障前，某变电站无任何操作；同时核实了 220kV 侧及 110kV 侧对侧站的操作情况。经核实，在 2017 年 4 月 25 日 20 时 14 分至 21 时 14 分期间，与某变电站相连的 500kV 某变电站、220kV 某变电

站无操作；110kV 线路 1 对侧无操作；110kV 线路 2 对侧无操作；110kV 线路 3 对侧无操作；110kV 线路 4 已解开，无出线；110kV 线路 5 对侧无操作；110kV 线路 6 对侧无操作；110kV 线路 7 对侧无操作。

④负荷情况。经向调控中心核实，确实某变电站没有特殊负荷。

⑤现场视频情况。现场监控视频显示该 TA 发生多次拉弧情况，典型情况如图 4.21 所示。

图 4.21　监控 TA 拉弧情况

2) 解体检查情况分析

2017 年 4 月 28 日，对故障 TA 进行了解体检查，具体情况如下。

现场检查膨胀器外观完整，未发现损坏，如图 4.22 所示。

图 4.22　膨胀器完好

故障 TA 端部密封圈良好，未发现明显异常，如图 4.23 所示。

图 4.23　TA 端部密封圈良好

故障 TA 内部整体外观未发现明显异常，如图 4.24 所示。

图 4.24　故障 TA 内部整体情况

内部一次接线端子现场检查情况如图 4.25 所示，未见明显异常。

图 4.25　内部一次接线端子情况

一次绕组解体情况如图 4.26 所示，未发现明显故障点。

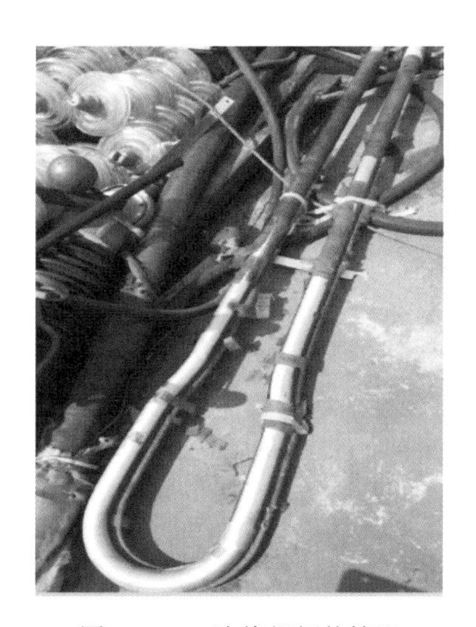

图 4.26　一次绕组解体情况

3. 故障原因分析

结合互感器解体检查情况、故障后油化分析及故障录波图综合分析，故障原因为：由于安装工艺控制不到位，致使 C2 与短路环之间的连接螺栓长期存在应力集中现象，经长期运行受电动力作用，螺栓崩断，引起电弧，电弧飘移导致短路环对 P2 发生间歇性放电引起 P2 与 C1 线圈被间歇性短接(引起互感器电流出现减半—恢复—再减半—再恢复现象)，C2 与短路环之间的持续放电，内部油外渗漏，互感器起火，最终引起瓷瓶炸裂，造成对地故障。

4.2.3 某变电站220kV电流互感器内绝缘故障情况分析

1. 故障情况说明

某变电站247间隔C相一台型号为LB-220的220kV电流互感器于2016年6月投运，2016年7月发生故障导致膨胀器顶起，后检查油样，发现氢气、总烃(甲烷、乙烯、乙炔)含量异常，该产品出厂时间为2016年。

2. 故障检查情况

2016年8月2日至3日，对故障TA进行解体检查。解体前进行了油样、产品10kV整体介损、一次直流电阻检查，解体中对主屏间介损、主屏对零屏的介损及电容量进行了检查。其中油色谱数据如表4.9所示。

表4.9 故障相C相的油色谱数据 单位：μL/L

组分	H_2	CO	CO_2	CH_4	C_2H_6	C_2H_4	C_2H_2
含量	39460.5	17.0	267.5	4170.9	172.7	1.5	2.2

该产品投运后两个月内出现故障，氢含量增长到39460.5μL/L，甲烷为4170.9μL/L，乙烯为172.7μL/L，乙炔为2.2μL/L。

8月4日，某供电局对该厂家同一类型的电流互感器进行了相关试验，高压试验结果显示，B相(158号)的一次介损值为0.961%，超标。然后进行了油色谱测试，结果H_2数据为27882.36μL/L，严重超标。其中，油色谱测试的数据追溯到上次的测试时间为5月17日，测试结果为正常。随后对该相TA进行了更换处理。

8月25日至26日，厂家对出现问题的两台(151号和158号)TA进行解体检查，所做工作及结果如下。

(1)高压介损试验。高压介损试验测试结果如表4.10所示。

表4.10 高压介损试验测试值

电压/kV	151号		158号	
	介损值/%	电容量/pF	介损值/%	电容量/pF
10	0.97	791	1.667	783
20	1.10	791	1.94	783
40	1.317	792	2.29	784
73	1.52	793	2.67	785
120	1.67	794	2.89	787

续表

电压/kV	151 号		158 号	
	介损值/%	电容量/pF	介损值/%	电容量/pF
146	1.69	795	2.90	789
120	1.716	794	2.93	789
73	1.571	793	2.72	785
40	1.347	792	2.34	784
20	1.14	792	1.94	783
10	0.97	791	1.62	783
结果	不合格，介损超标		不合格，介损超标	

(2) 局放试验。局放试验测试值如表 4.11 所示。

表 4.11　局放试验测试值

151 号		158 号	
局放起始电压	起始局放量	局放起始电压	起始局放量
42kV	60pC	49kV	60pC
局放不合格		局放不合格	

(3) 直流电阻试验。一次绕组和二次绕组的直流电阻与出厂试验差异不大。直流电阻数据正常。对两台 TA 吊芯，对每个屏与屏之间进行了介损和绝缘电阻测试。

(4) 屏间的介损及绝缘电阻试验。屏间的介损及绝缘电阻试验测试值如表 4.12 所示。

表 4.12　屏间的介损及绝缘电阻试验测试值

屏号	151 号			158 号		
	介损值/%	电容量/pF	绝缘电阻/GΩ	介损值/%	电容量/pF	绝缘电阻/GΩ
0～1	0.19	6483	10	0.21	6062	10
1～2	0.17	6883	10	0.28	6822	10
2～3	0.2	7414	10	3.76	7258	1
3～4	1.71	7346	2	5.99	6839	0.5
4～5	4.82	7094	1	4.65	7200	0.6
5～6	2.89	6983	1	2.37	7392	0.8
6～7	0.32	7030	10	1.32	7048	2

续表

屏号	151 号			158 号		
	介损值/%	电容量/pF	绝缘电阻/GΩ	介损值/%	电容量/pF	绝缘电阻/GΩ
7～8	0.18	7194	10	0.36	7021	10
8～9(末屏)	0.24	6445	10	0.47	6465	10
结果	第 3～6 屏之间介损及绝缘电阻异常			第 2～7 屏之间介损及绝缘电阻异常		

注：导电杆为第 0 屏，末屏为第 9 屏。

(5)油色谱试验。解体前的耐压试验前后均进行了油色谱试验，仍然不合格，H_2、甲烷、乙炔超标，数据如表 4.13 所示。

表 4.13　油色谱试验数据　　单位：μL/L

产品编号	组全							脱气量	结论
	H_2	CO	CO_2	CH_4	C_2H_6	C_2H_4	C_2H_2		
16～151	6149.53	31.91	196.41	562.57	70.60	0.77	1.60	4.0	不合格
158	6368.91	26.76	205.08	574.63	141.02	1.53	2.99	4.4	不合格
16～158	4872.12	25.85	154.60	574.71	141.81	1.55	3.04	4.4	不合格
151	2473.92	30.52	161.21	544.61	67.06	0.73	1.54	3.4	不合格

(6)工艺检查。首先将绕制好的 TA 放入真空干燥炉中，进入抽真空加热干燥的工艺处理，如表 4.14 所示。

表 4.14　工艺流程

序号	工艺阶段	真空度/Pa	灌顶温度/℃	工艺要求	工艺时间/h
1	加热阶段	大气压	115±5		36
2	低真空阶段	7×10^4-5000	115±5	抽 3h 破空，停 1h，为一个循环，≥17kV，12 个循环≤145kV，8 个循环	51(≥170kV) 33(≤145kV)
		7×10^4	115±5		6(≥170kV) 4(≤145kV)
		4×10^4	115±5		6(≥170kV) 4(≤145kV)
		2×10^4	115±5		6(≥170kV) 4(≤145kV)
		5000 以下	115±5		20(≥170kV) 13(≤145kV)
3	高真空阶段	残压≤80	105±5		110(≥170kV) 80(≤145kV)

续表

序号	工艺阶段	真空度/Pa	灌顶温度/℃	工艺要求	工艺时间/h
	累计工艺时间				235(≥170kV) 174(≤145kV)

累积持续时间约 235h 后出炉，在 4h 之内完成外瓷套器身的装配，然后进入抽真空注油阶段。工艺流程如表 4.15 所示。

表 4.15　注油、试漏工艺流程

序号	工艺阶段	工艺要求	工艺时间	烘房内温度/°C
1	干式配装	见配装工艺	≤4h	室温
2	产品真空检漏	残压≤133.3Pa	4～6h(后 2h 50°C 以上)	40～70
3	真空注油(油温50℃)	残压≤200Pa	注 10min，停 50min，再注 10min，停 50min，至注满	室温
4	真空脱气	残压≤133.3Pa	脱气计时	50～70
5	压氮(白天进行)	压力：0.2MPa	8h(220kV、330kV) 4h(110kV、35kV)	室温～70
6	加热真空脱气	残压≤133.3Pa	接 4 项脱气时间相加累计 60h(220kV、330kV) 接 4 项脱气时间相加累计 40h(110kV、35kV)	50～70
7	放油	无余油		
8	真空脱气	残压≤133.3Pa	2h	40～70
9	真空注油	残压≤200Pa	连续注油至注满	室温
10	真空脱气	残压≤133.3Pa	12h	室温
11	装膨胀器后静置	抹余油、灰尘	48h 后送检	室温

经检查，3 号干燥罐一次性共干燥 52 支 TA，该批次 4 月 5 日入炉，经过 10 天以后出炉，满足了 235h 工艺时间的要求。但由于在加热期间，温度计出现了故障，停电检修了约 4h，有可能会对干燥效果产生一定的影响。

3. 故障原因分析

综上，局放、H_2 超标、有乙炔、第 3～6 屏之间的介损超标、绝缘电阻较低的情况，初步分析认为这是屏间的绝缘纸受潮导致的。受潮的原因是干燥工艺没有把控好，干燥期间出现停电情况，影响了干燥效率。

参 考 文 献

[1] 孙才新. 电气设备油中气体在线监测与故障诊断技术[M]. 北京：科学出版社，2003.

[2] 廖瑞金，孟繁津，周年荣，等. 基于集对分析和证据理论融合的变压器内绝缘状态评估方法[J]. 高电压技术，2014， 40(2): 474-481.

[3] 郑含博. 电力变压器状态评估及故障诊断方法研究[D]. 重庆：重庆大学，2012.

[4] 易杨. 电子电力变压器若干关键技术研究与实现[D]. 武汉：华中科技大学，2013.

[5] Martin J. Heathcote. 变压器实用技术手册[M]. 北京：机械工业出版社，2007.

[6] 钱国超，王丰华，邹德旭， 等. 电力变压器机械振动测试技术[M]. 北京：科学出版社，2017.

[7] 李发海，朱东起. 电机学[M]. 北京：科学出版社，2013.

[8] 祝丽花. 叠片铁芯磁致伸缩效应对变压器、交流电机的振动噪声影响研究[D]. 天津：河北工业大学，2013.

[9] 周少静. 特型变压器绕组漏磁场及特性参数的数值仿真研究[D]. 天津：河北工业大学，2013.

[10] 李琳，谢裕清，刘刚，等. 油浸式电力变压器饼式绕组温升的影响因素分析[J]. 电力自动化设备，2016，36(12): 83-88.

[11] 吴想. 变压器状态监测与故障诊断系统研究与实现[D]. 武汉：华中科技大学，2013.

[12] 胡惠然，魏光华. 湖北电网 100kV 及以上有载分接开关统计分析[J]. 湖北电力，2001，25(1):38-39.

[13] 李友山，王丽琴. 电流互感器瓷套管密封结构的改进[J]. 变压器，2002，39(5): 19-21.

[14] 廖玉祥. 一种电力变压器运行状态综合评估模型的研究[D]. 重庆: 重庆大学， 2006.

[15] 韩洪刚，王海宽，杨衡，等. 电力变压器分接开关故障及其检测技术[J]. 变压器，2004，41(12):35-38.

[16] 孙国彬. 大型电力变压器的非电量保护[J].电气时代，2004(02):72-73.

[17] 王志方. 气体继电器与变压器运行时的安全[J].变压器，2005(09):40-41.

[18] 操敦奎. 变压器油中气体分析诊断与故障检查[M]. 北京：中国电力出版社，2005.

[19] 武中利. 电力变压器故障诊断方法研究[D]. 保定：华北电力大学，2013.

[20] 王昌长, 李福祺, 高胜友, 等. 电气设备的在线监测与故障诊断技术[M]. 北京: 清华大学出版社，2006.

[21] 朱绍群. 变压器铁芯多点接地故障及处理方法[J]. 电力安全技术，2010，12(8): 56-57.

[22] 李邦云. 电力变压器绕组在线监测新特征量的研究与工程实现[D]. 南京：河海大学，2004.

[23] 吴明君. 大型电力变压器绕组辐向稳定性分析[D]. 哈尔滨：哈尔滨理工大学，2013.

[24] 杨文池.变压器相间短路保护研究[J]. 企业技术开发，2015，34(02):102-103.

[25] 钱庆林，逯怀东，万春，等. 一起典型变压器绕组股间短路跟踪分析及处理[J]. 高压电器，2003，39(6):66-68.

[26] 吴绍军. 简述主变绕组变形异常以及解决措施[J]. 科学家，2017，5(15): 5.

[27] 王世阁，周志强， 龚晨斌. 变压器分接开关的故障分析[J]. 变压器，2003，40(6):35-39.

[28] 赵树春. 110kV 变压器分接开关故障分析[J]. 变压器，2013，50(10):69-72.

[29] 西南电业管理局试验研究所. 高压电气设备试验方法[M]. 北京：水利电力出版社，1984.

[30] 龚智远. 互感器暂态特性对电力系统保护的影响[D]. 北京：华北电力大学，2014.

[31] 王世阁，张军阳. 互感器故障及典型案例分析[M]. 北京：中国电力出版社，2013.

[32] 任秀燕. 分析电压互感器二次负荷对电压互感器计量绕组误差的影响[J]. 通讯世界，2015(18):166-167.

[33] 姜连海. 10kV 抗铁磁谐振组合式电压互感器研究[D]. 大连：大连理工大学，2016.

[34] 蔚晓明，赵园，马斌. 三相电压互感器校验装置的研制[J]. 山西电力，2010，20(2): 30-32.

[35] 康晓明. 电压互感器的有限元分析与优化设计[D]. 天津：天津大学，2007.

[36] 陈新刚. 电磁式互感器励磁特性分析 [D]. 济南：山东大学，2013.

[37] 李振华. 电子式互感器性能评价体系关键技术研究[D]. 武汉：华中科技大学，2014.

[38] 耿珊珊，蔡东联. 电流互感器和电压互感器[M]. 沈阳:辽宁科学技术出版社，2011.

[39] 高广玲. 电子式电流互感器传变特性及适应性保护原理研究[D]. 济南：山东大学，2010.

[40] 蓝洲. 浅谈电流互感器异常运行的处理方法[J]. 广西电业，2010(1):100-101.